南繁有害生物·检测与监测篇

◎ 卢 辉 吕宝乾 唐继洪 主编

U0320831

中国农业科学技术出版社

图书在版编目（CIP）数据

南繁有害生物. 检测与监测篇 / 卢辉，吕宝乾，唐继洪主编. --北京：中国农业科学技术出版社，2021.12

ISBN 978-7-5116-5605-6

Ⅰ.①南… Ⅱ.①卢… ②吕… ③唐… Ⅲ.①作物—病虫害防治—海南 Ⅳ.①S435

中国版本图书馆 CIP 数据核字（2021）第 256887 号

责任编辑　李　华　崔改泵
责任校对　马广洋
责任印制　姜义伟　王思文

出 版 者　中国农业科学技术出版社
　　　　　北京市中关村南大街12号　　邮编：100081
电　　话　（010）82109708（编辑室）　（010）82109702（发行部）
　　　　　（010）82109709（读者服务部）
传　　真　（010）82106650
网　　址　http://www.castp.cn
经 销 者　各地新华书店
印 刷 者　北京建宏印刷有限公司
开　　本　185 mm×260 mm　1/16
印　　张　10.5　　彩插4面
字　　数　206千字
版　　次　2021年12月第1版　　2021年12月第1次印刷
定　　价　85.00元

《南繁有害生物·检测与监测篇》
编委会

前　言

　　南繁有害生物检测与监测是一项基础性、长期性的工作，是科学指导内地来海南育种制种单位（公司）作物病虫害防控的前提，是降低海南土壤农药残留、提高农田生物多样性、确保国家粮食安全的技术保障。南繁在加速品种改良、原种扩繁和制种方面为国家农业发展作出了巨大贡献，在我国育成的杂交水稻新组合中，80%以上经过了南繁加代选育，已经成为新品种选育的孵化器和加速器，而南繁基地则被誉为中国种业的硅谷。南繁因其特殊的生态环境成为全国和世界危险性有害生物的汇集地及中转站的风险也逐渐加大，尤其是假高粱、草地贪夜蛾、红火蚁等有害生物对南繁育种基地生产造成潜在和现实的巨大损失。近年来，在南繁作物上发现假高粱、黄瓜绿斑驳病毒、水稻细菌性条斑病、红火蚁、草地贪夜蛾、福寿螺、美洲斑潜蝇、瓜类果斑病等重大危险性有害生物，致使水稻、玉米等南繁育种产量受到严重影响。快速准确地检测与监测南繁区有害生物成为近年来国内外植保专家研究的重要课题。

　　南繁区属于热带地区，病虫害的发生受气温、降雨等众多不确定因素影响，加之南繁区耕地碎片化程度高、季节性强，单一的检测与监测技术难以取得好的效果，在长期定点检测与监测方面都存在着问题。2018年习近平总书记在庆祝海南建省办经济特区30周年大会上发表重要讲话指出，要加强国家南繁科研育种基地（海南）建设，打造国家热带农业科学中心。面对党中央对南繁育种基地新的要求，有必要全面梳理南繁区有害生物检测与监测发展情况，在现有技术平台的基础上，借用各地成功的发展经验，提出新形势下南繁作物有害生物检测与监测体系的对策建议。

　　本书重点论述南繁有害生物检测监测技术的发展趋势和相关标准、南繁检疫对象、南繁外来入侵生物监测方法的基础上，以严重威胁与危害我国南繁基地的几种重要入侵物种为对象，根据不同入侵物种的生物学、生态学与行为学的特征与特性，针对性地介绍不同入侵物种的快速检测技术；根据不同入侵物种的扩散与传播途径及方式，重点介绍监测技术；根据不同入侵物种的发生与危害特点，论述不同南繁入侵物种的快速诊断技术与监测体系。这些成果为发展南繁有害生物的监测和检测技术提供了强有力的科学依据与技术支撑。

本书编写过程中得到了海南省自然科学基金创新研究团队项目（2019CXTD409）；国家重点研发计划项目（2019YFD03001、2019YFD1002100）海南省重大科技计划项目资助（No.ZDKJ202002）；农业农村部财政项目（1630042020020）中国热带农业科学院基本科研业务费专项（1630042017015，1630042019037）的支持。在本书编写过程中，参考并引用了一些学者的意见和观点，限于篇幅，不能一一列出，谨表谢意。

本书主要面向农业技术推广人员、南繁区农技人员、农技人员及农资公司销售人员，亦可供大专院校、科研单位等部门相关人员和研究生参考。

编　者

2021年8月

目　录

第一章 南繁有害生物检测与监测概况

第一节 南繁有害生物

海南地理位置独特，是相对独立的地理单元，自然条件优越，热带动植物种类多样，素有"天然大温室"之美称，是我国著名的南繁基地，承担着粮、棉、油、菜、果等30多种农作物育种任务。近几十年来，海南在加速多种品种改良、原种扩繁和制种方面为国家农业发展作出了巨大贡献。在我国育成的杂交水稻新组合中，80%以上经过了南繁加代选育。海南已成为新品种选育的"孵化器"和"加速器"，而南繁基地则被誉为中国种业的"硅谷"。南繁基地因其特殊的生态环境成为"全国和世界危险性有害生物的汇集地及中转站"的风险也逐渐加大。随着海南自由贸易港及全球动植物种质资源引进中转基地的建设，作为新品种培育、南繁种子生产和质量鉴定的南繁基地，每年都有大批的种子、种苗频繁出入基地，给多种病虫疫情的传播带来了极大的风险。特别是草地贪夜蛾、红火蚁和假高粱等入侵生物的传播对海南尤其是南繁生物安全构成新的威胁，并对我国粮食安全造成严重的影响。

2018年4月11日，中共中央、国务院出台了《关于支持海南全面深化改革开放的指导意见》指出，以供给侧结构性改革为主线，赋予海南经济特区改革开放新使命，提出加强国家南繁科研育种基地（海南）建设，打造国家热带农业科学中心，支持海南建设全球动植物种质资源引进中转基地。2018年4月13日，习近平总书记在庆祝海南建省办经济特区30周年大会上的讲话中再次强调，着力打造国家生态文明试验区，深化现代农业对外开放，加强国家南繁科研育种基地（海南）建设，打造国家热带农业科学中心，支持海南建设全球动植物种质资源引进中转基地。

海南自然条件优越，同时，高温、高湿的气候环境，也非常有利于各种病虫草的入侵、蔓延和暴发。2013年第二届国际生物入侵大会上透露，目前入侵中国的外来生物已经确认有544种，成为世界上遭受生物入侵最严重的国家之一，近年来仍有逐渐加重的趋势。入侵物种主要包括紫茎泽兰、豚草、水葫芦、莲子草等植物；美洲斑潜蝇、美国白蛾、松突圆蚧等昆虫；福寿螺、非洲大蜗牛等动物以及造成马铃薯癌肿病、甘薯黑斑病、大豆疫病、棉花黄萎病的致害微生物等。主要分布在华南、华东和华中，华北和东北次之，西北最少。近年来传入海南的香蕉枯萎病、槟榔黄化病、木薯细菌性萎蔫病、多主棒孢病、草地贪夜蛾、红火蚁、椰心叶甲、螺旋粉虱、单爪螨、薇甘菊、假高粱等有害生物对橡胶、木薯、香蕉、棕榈等热带作物产业的健康发展威胁巨大。据估计，热带作物受有害生物为害损失产量达15%～50%，严重时甚至绝收，同时造成农产品质量下降。据不完全统计，每年有全国29个省（区、市）的700多家南繁单位和项目组的6 000多名专家学者和科技人员来南繁基地开展育种科研工作，南繁因其特殊的生态环境成为"全国和世界危险性有害生物的汇集地及中转站"的风险也逐渐加大。作为新品种培育、南繁种子种苗生产和质量鉴定的南繁基地，每年都有大批的种子、种苗频繁出入，给多种病虫草的传播带来了极大的风险，加上种子种苗不申报、漏报、谎报和无证调运现象时有发生，导致新传入海南的检疫性有害生物种类有所增加，特别是外来有害生物通过南繁中转海南及全国扩散的风险不断加大。因而加强南繁育种基地有害生物调查、监测与风险评估，为南繁作物有害生物的防控提供第一手的疫情资料，对南繁育种产业具有十分重大的意义。

在国家系列政策与措施下，海南自由贸易试验区和中国特色自由贸易港对世界贸易往来将具有更为深远的吸引力，国家南繁科研育种基地（海南）的建设，存在病虫草害的伴随传入、传出和蔓延，甚至期待的优异作物种质演变为有害生物的风险，带来病虫草害暴发、环境污染和食品安全等诸多问题。要解决影响南繁育种可持续发展的有害生物危害问题必须强化科技支撑。要加强南繁育种基地有害生物疫情调查、监测，明确有害生物的种类、分布、为害程度及重要有害生物发生影响因子等；并开展有害生物风险评估，明确海南暂未发现的有害生物随南繁育种种质传入海南或海南已经发生但内地暂未发现的有害生物传出岛的可能性。通过建设国家南繁育种基地有害生物数据库及共享平台，扩大南繁作物有害生物信息交流的范围和内容，增进国内外科研机构、产业部门和广大南繁育种工作者的合作，促进我国南繁育种产业可持续发展。

草地贪夜蛾具有适生区域广、迁飞速度快、繁殖能力强、防控难度大的特点，2019年4月30日首次在海南发现该虫，目前海南18个县（市）均有该虫为害玉米。海南是草地贪夜蛾的周年繁殖区，也是我国冬季鲜食玉米栽种及冬季玉米育种的基地，若监控不当，不仅影响到当地玉米的产量，还会增加草地贪夜蛾的越冬量，为全国的草地贪夜蛾防治留下大隐患。红火蚁具有很强的攻击行为，被其蜇伤后会出现火灼感，严重者甚至引发过敏性休克，造成死亡，2012年5月入侵海南省以来，已在海口、三亚等15个县（市）分布为害，在南繁区，多名职工及家属在工作或休闲时被蚂蚁叮咬，在三亚的旅游景区游客也多次被红火蚁咬伤，有些还紧急送医治疗，红火蚁传播途径多，涉及区域复杂，防治后疫情易出现反复性，加之民众防控意识较为淡薄，易出现监控死角。假高粱具有传播能力强、生长速度快，扩散范围广的特点，同时具有很强的繁殖力和竞争力，目前假高粱在海南省南繁区实际为害面积达1 000多亩（1亩≈667m²，全书同），分布于南繁20万亩核心区域，不仅对南繁科研育种工作造成了严重的危害，还对海南农业生产和生态环境安全造成了重大隐患。

第二节 检测技术

一、PCR检测技术

PCR技术是20世纪80年代中期建立的一项体外迅速、大量扩增目的基因的技术，有快速、简便、经济等特点。由于PCR能够特异性扩增某一DNA片段，因此，在病原微生物的检测上，它比传统方法有优势，如PCR检测生物体时不需要培养，具有极高的灵敏度和在混合培养物中不需要放射性标记，检测单个靶分子的潜力，而且该项技术快速通用。对于那些用常规方法研究较困难的南繁有害生物，如类病毒、MLO等，以及专性寄生病原菌的检测，PCR技术的应用就显示出它的优越性。

（一）PCR引物设计

选择病原特异的引物，是利用PCR进行检测的关键。一是在确定一个病原以后可以查阅相关文献或直接在Gene Bank里边查找该基因的序列，并与亲缘关系相近的序列进行比较，找出该病原特异的序列设计。二是对未知病原基因序列，可采用克隆病原菌DNA片段的方法，通过杂交，找出病原菌特异的片段，测序，设计引物。三是随着对rDNA及其间隔区研究的深入，使之成为分子诊断的热点，rDNA虽然在病原基因组中高拷贝，保守，但不同生物又有细微差别。

（二）模板制备

PCR模板的制备主要有2个步骤，一是确定样品来源，样品可从纯化的病原、感病寄主、传毒昆虫及土壤中获取。由感病材料制备模板，实质上是提取植物和病原的总DNA，由于病原的丰度对PCR反应的影响，所以要确定病原在植株上的富含部位和富含时期，这样才能保证PCR的成功。二是使用理化的方法处理样品，以得到纯净的DNA模板，主要工作就是去除DNA聚合酶抑制物。

（三）检测灵敏度

1. 靶序列拷贝数

若选择高拷贝的片段则较单拷贝或寡拷贝的片段灵敏度要高。选择rDNA和ITS区作靶序列，是因为DNA的高拷贝。在模板量相同的情况下，高拷贝片段相对于单拷贝、寡拷贝更容易扩增出来。

2. 增加Taq DNA聚合酶的量

增加缓冲液中Mg^{2+}的浓度，增加反应的循环次数，降低退火温度，但这些措施也相对增加了非特异性扩增的机会。Mg^{2+}的浓度对PCR扩增效率的影响很大，因为Taq DNA聚合酶反应需要Mg^{2+}的存在，而且PCR反应混合物中的模板、引物、dNTP的磷酸基团均可与Mg^{2+}结合，所以建议Mg^{2+}的量要比dNTP的浓度高0.5～1.0mmol/L，最好对模板、dNTP、引物进行Mg^{2+}的优化。

二、高通量测序技术

近几年来，高通量测序技术被广泛地应用到植物病毒的诊断中。由于高通量测序技术能以相对较低的成本在短时间内完成样品中所有物种的转录组或基因组的测定，使得样品中的病毒鉴定成为可能。利用该技术，科研人员从不同的植物上发现了大量的新病毒或类病毒，或病毒新的株系。

（一）文库构建

利用高通量测序技术检测植物病毒时，文库构建时所采用的模板是多样的。已知报道的模板种类包括总RNA（total RNA）、去核糖体RNA的总RNA（ribosomal RNA depleted total RNA）、双链RNA（double stranded RNA，dsRNA）、病毒来源的小RNA（virus derived small interfering RNA，sRNA）、从病毒粒子提取的RNA（RNA from purified or partially purified viral particles）、多聚腺苷酸化的RNA［polyadenylated RNA，poly（A）RNA］、

与健康植物抑制消减杂交后的RNA等。由于病毒的核酸是复杂多样的，有双链DNA、单链DNA、双链RNA、单链RNA等，因而不同的模板都有自身的优势和不足。

以小RNA和总RNA作为模板的高通量测序以其制备方法简单，适用于多种类型的病毒检测而被广泛采用。而以总RNA作为模板进行高通量测序时，由于受植物自身RNA的影响，病毒RNA含量通常偏低，因而去除总RNA中的核糖体RNA会大大提高模板中病毒RNA的含量。

（二）数据分析

高通量测序所得的原始数据经过过滤去除杂质（如无插入片段序列、插入片段过长的序列、低质量序列、polyA序列和小片段序列）以及接头序列等，以得到可靠的数据（clean reads），并进行下游的数据组装。目前，可利用多个软件完成组装过程。如商业化的软件Genius Pro和CLC Genomics Workbench，此外，科研人员还开发了各种平台或工具。测序数据组装完成的片段通过与已知数据库，如NCBI GenBank数据库中的病毒信息进行比对分析，从而分析出潜在的已知病毒或类病毒，或者发现新的病毒或类病毒，并进一步通过生物学实验，如RT-PCR、实时荧光PCR、Sanger测序等进行验证。

三、基于图像和光谱信息检测

农业光谱成像主要用于近红外和可见光波段，可见光波段波长范围为400～760nm，其光谱图像的光谱分辨率大于5nm，该分辨率能够以较高的精度拟合或重建自然界中多数目标的辐射光谱或反射光谱信息，因此对目标识别或物质成分分析有重要的用途。而近红外光谱主要指的是氢基团（C-H、O-H、N-H、S-H）的吸收，吸收系数小，谱带很宽，谱带之间重叠严重。被测量的数据，如样品的物化性质等都取决于样品的组成和结构，这些数据和近红外光谱间都有着一定的函数关系。

多光谱成像技术（multispectral imaging）与高光谱或超光谱成像相比较，光谱成像系统的光谱分辨率虽然较低，但实现起来较为简单，通常认为在可见光波段光谱图像的光谱分辨率大于10nm，该分辨率能够以较高的精度拟合或重建自然界中多数目标的辐射光谱或反射光谱信息。从20世纪70年代起，光谱基于新型光谱成像技术建立一种自动、高效的南繁有害生物诊断方法，并在此基础上建立基于远程应用的标准的光谱图像数据库，利用基于光谱的颜色复制技术实现病害样本的高精度彩色图像复现。根据植物病害学，一方面，从植物病变器官的颜色

变化来识别病害种类。另一方面，从光谱维和图像维对病害的内部物理化学成分或内部结构及外形的变化进行分析和识别。为实现对南繁有害生物进行快速、准确和非破坏性诊断提供可靠的技术支持。

（一）图像维样本的识别算法

农业检测中图像维识别方面的改进主要分为以下几种。

（1）将植物的颜色信息转换到更容易观察到的颜色空间：利用3种图像的彩色模型RGB、HSI、rgb（规一化RGB）评价由于缺水和缺氮对叶片造成的色彩特征变化。研究发现，3种模型中HSI模型能更清晰地表征玉米叶片的颜色变化；计算机判别与人工识别的一致率高达70%以上。

（2）改进光源或扩展相机的光谱响应范围，使用红外或近红外区域进行拍摄利用CCD摄像机与红外照明设备组成的计算机视觉系统。

（3）对获取的图像，阈值分割后利用边缘算子求出作物轮廓，再利用分段求中心垂线段的方法分别将正视图和侧视图的作物茎秆细化，然后在三维空间中求出作物茎秆的长度。提取合适的图像特征，改进病害分类的判别算法，如利用遗传算法训练的多层前馈神经网络实现油松成熟度的自动判别的研究，用遗传算法训练的网络的分级效率和准确率都比BP网络高。

（二）光谱维样本的识别算法

农业检测中的光谱维样本识别算法主要为光谱谱段的选取对识别的影响，如国内吴曙雯等（2002）对4个感染不同等级稻叶瘟的水稻冠层反射光谱进行测试，并对光谱反射曲线进行微分分析，研究了绿光区、红光区和近红外区反射光谱的变异特征。受害轻时近红外区反射率变化幅度大，受害重时绿光区和红光区反射率变化幅度大。黄木易等（2004）研究了冬小麦条锈病冠层光谱特征，结果发现630~687nm、740~890nm及976~1 350nm为遥感监测条锈病的敏感波段。

四、传统监测方法

由于昆虫体型小，常在夜间高空进行远距离飞行，远远超出了人类视力的观测极限，所以传统研究方法主要局限于灯光诱集、空中/海面网捕、"标记—释放—回收"，夜视设备和红外光学技术、飞行能力测定以及卵巢解剖等技术为主。标记—释放—回收是研究昆虫迁飞扩散最直接的方法。20世纪80年代，经过全国多家单位的协作，我国在迁飞昆虫学方面取得了很大进展，先后对稻飞虱、稻纵卷叶螟和草地螟等进行了标记—释放—回收试验，对为害我国农作物的典型迁飞性昆虫的迁飞为害规律有了一定的了解。诱虫灯、田间调查、捕虫网、诱捕器等可以获得抽样数据，从而估计昆虫的大致迁飞源汇关系，但是由于受到本地虫群和诱集方法的先天缺陷，可能导致推测结果与真实的昆虫迁飞规律差异较大。通过对雌虫的卵巢解剖可以辅助判断昆虫是迁入还是迁出种群，从而为农业防治提供指导。尽管这些方法使昆虫学家对虫群的迁飞路线、虫源性质和扩散规律等有了初步认识，并促进了迁飞昆虫学基本理论的形成和发展。但这种研究不仅费时费力，而且预报的精确度及准确度不高，对昆虫飞行行为（空中速度、定向、爬升率）的信息及其与中、小尺度大气现象的关系知之甚少，更是无法实现对空中虫群的自动化定量分析，致使昆虫迁飞机理分析和监测预警研究发展缓慢，难以取得重大突破。

五、基于遥感技术监测

（一）卫星遥感

卫星遥感是目前航天遥感中应用最普遍的遥感技术，常用的数据有MODIS、NOAA系列、Landsat系列等卫星数据。基于卫星遥感技术的植被病虫害监控可以分为受害区域监测以及害虫潜在发生区域的生境情况分析两部分。目前为止，对蝗虫灾害的监测是利用卫星遥感技术监测病虫害领域较早且比较成功的案例之一。

我国从20世纪90年代中后期开始逐步将遥感技术应用于东亚飞蝗灾害的监测与防治研究中。倪绍祥等（2000）利用遥感和GIS技术，深入研究青海湖地区草地蝗虫的发生与动态变化规律。马建文等（2003）基于MODIS卫星数据，在渤海湾地区对东亚飞蝗栖息地开展多时相、多尺度的监测工作，并构建了东亚飞蝗整个生育周期的遥感监测新模型，可以实现分阶段即孵化期、发育期和成虫期3个阶段的蝗灾预警预测。郑晓梅（2019）结合卫星数据与实地调查数据，探索植被的自然生长量与东亚飞蝗消耗量之间的关系，据此实现基于多平台的东亚飞蝗为害程度的遥感监测。

卫星遥感技术除了应用于监测蝗虫灾害方面的研究，其他植被病虫害领域也有较多成功案例。例如，利用Landsat MSS数据，通过分析比较插值法、植被指数差和比值法3种方法的优劣，发现植被指数差VID方法更有利于监测由舞毒蛾引起的森林落叶；基于TM数据，发现TM5/4和TM4/3是实现松毛虫害早期监测的有效波段组合。

（二）地面光谱

在可见光波段，植物的光谱主要受色素影响，特别是叶绿素、类胡萝卜素以及花青素在蓝波段和红波段的强吸收以及在绿波段的强反射，导致在450nm附近和670nm附近存在明显的吸收谷，在550nm附近有明显的反射峰。在近红外区域（700～1 300nm），植被的光谱主要受叶片细胞结构影响形成近红外高反射平台。在短波红外区域，植被的光谱主要受水分影响使得相应区域的光谱反射率较低。当健康植被遭受病害、虫害、叶片衰老、感染等因素的影响时，植被的内部生理结构和外部形态结构会做出不同程度的响应。其中，内部生理结构表现在植被的色素遭到破坏、光合作用效率减慢、水分养分的吸收和运输等机能减退，外部形态结构表现在植被的冠层结构发生变化。不论是生理还是形态结构的变化，都会作用于植被光谱，导致植被光谱的特征表现不一致。例如，当植被因病虫害为害导致色素含量减少时，会表现出"绿峰"向红光波段方向移动。

Nilsson（1985）采集大麦感染网斑病前后的冠层光谱，发现大麦的冠层光谱反射率数据与其生物量、氮素水平相关性较好，据此判断大麦的受害情况。吴曙雯等（2002）研究稻瘟病对水稻冠层光谱的影响，发现随着受害程度的加重，水稻冠层光谱在绿光、红光和近红外波段的反射率分别呈现出下降、上升和下降的趋势。

（三）低空无人机遥感

随着技术的发展，以无人机作为遥感平台结合搭载其上的传感器为遥感领域开辟了新思路。与其他的遥感技术相比，由于其成本低、操作简单、空间分辨率较高以及获取影像受时间和地域的限制较少，逐渐应用于各个行业。然而，目前国内外基于无人机遥感技术的研究主要集中于地质勘测、自然灾害、数字城市建设等方面，对植被病虫害监测的研究仍处于探索阶段。

乔红波等（2006）基于低空无人机遥感监测系统对小麦白粉病进行研究，结果表明，在灌浆期，低空采集遥感影像的反射率与小麦白粉病的病情指数相关性较好，且低空图像各波段反射率与地面光谱的归一化植被指数存在显著的正向相关性，对低空无人机遥感平台监测小麦白粉病具有重要的意义。基于高光谱和热红外成像仪的无人机遥感平台，获取病害感染的植被图像，发现光化学植被指数的增加以及叶绿素荧光指数的减少会导致植被的叶片气孔导度减少，据此在受害早期可以通过作物水分胁迫指数与叶片气孔导度之间的关系开展植被受害程度的监测。

六、基于标记方法

（一）分子标记

分子标记手段是一种从遗传学的角度揭示迁飞性昆虫可能的迁出虫源地和可能降落区的手段。利用分布于生物核基因组中的微卫星标记与分布在线粒体当中的细胞色素氧化酶亚基基因来分析不同地理种群的昆虫，就可以大致确定种群多样性、种群迁移和种群结构等。例如利用微卫星标记和线粒体DNA序列，对白背飞虱和灰飞虱的地理种群结构进行分析，推测了两种飞虱的可能源汇关系，以及可能的迁飞路线，为更准确地确认两种飞虱的虫源地和迁飞路线提供了支持。在草地螟种群的遗传多样性的研究中，使用的是应用扩增片段长度多态性技术，结果表明，来自中国不同地区的草地螟中，种群内的遗传多态性比例要远远高于来自不同地理种群间的比例，这说明草地螟自然种群无明显的地理阻隔，从而可以间接证明草地螟的远距离迁飞习性，使得种群间存在频繁的基因交流。

微卫星标记技术被用于检测澳大利亚麦长管蚜的基因组DNA，阐明了其周期性孤雌生殖和寄主专化之间的遗传关系。无论是对于种群的远距离迁飞，还是近距离扩散，随着分子生物学日新月异的研究进展，分子生物学相关的学科将得到越来越广泛的应用。尽管遗传性分子标记方法在推测昆虫迁飞源汇关系以及可能的迁飞路线方面具有越来越多的应用，但是由于其在时间和空间上面精度过低，距离实际指导昆虫迁飞监测预警还有很大的差距。

（二）天然同位素

同位素是自然界生物的一种自然标签，可以为生物溯源提供客观、独立和稳定的鉴定信息，其原理是基于生物体取食来源不同的食物，经过积累而造成了体内同位素的组成差异。稳定同位素分析具有快速、简易和对昆虫活动无影响的优势，且不同同位素可进行不同空间与时间跨度的标记。常见的地理位置判断的同位素有氢同位素、氧同位素、碳同位素、氮同位素、硫同位素和锶同位素等。昆虫源汇关系的研究则需要大尺度的同位素稳定差异，利用氢同位素作为标记进行昆虫迁飞研究，但难以广泛应用，主要原因有植物自身的季节变化、地区间的变异，而且氢同位素的测定也受到空气中水分的影响以及灌溉造成的不确定性等。

（三）花粉标记

自然界中昆虫的飞行和生殖需要消耗巨大的能量，尤其是具有远距离迁飞习性的夜蛾科昆虫，在迁飞过程中多数具有取食花蜜补充营养的习性，以此来弥补迁飞造成的巨大能量损失。昆虫在取食花蜜的过程中，其身体的一些部位（如喙、触须、复眼等）会附着一些花粉粒，因此可以借助花粉来判定昆虫迁飞的源汇关系。其原理是，花粉形态具有较强的遗传保守性，在世代相传过程中，花粉基本上保持其固有形状、纹饰、轮廓、萌发孔的数目和位置等形态特征，例如蒲公英属植物花粉近球形或球形，萌发孔属赤道萌发孔，为3孔沟或4孔沟类型；凤仙花属植物花粉为单粒花粉，萌发孔近圆形且为4孔沟类型；菊科植物花粉大多为长球形，萌发孔均为3孔沟，极面观为三裂圆形。所以，基于许多植物有特定的生态区和地理位置，通过昆虫所携带花粉，可判定昆虫的地理起源，加上花粉形态独特，可鉴定至科、属，有时可至种，因此可用于昆虫迁飞、昆虫食物来源、昆虫花蜜种类、法医学和气候改变等方面的研究。目前利用花粉研究昆虫源汇关系主要是通过光学显微镜、扫描电镜镜检或植物DNA条形码等技术对成虫所携带的花粉进行鉴定并结合植物地域分布的特异性，从而研究成虫的取食行为以及判定迁飞昆虫的虫源地。例如，通过花粉判别技术明确了谷实夜蛾可从得克萨斯州南部迁至俄克拉何马州。在北美两种夜蛾喙上检测到1 000km以外植物的花粉，从而证实了两种夜蛾是向北长距离飞行的迁飞害虫。花粉标记技术还被应用于中国渤海湾上空不同季节的迁飞性小地老虎的虫源地分析。

七、基于雷达监测

雷达是利用电磁波来测量其到目标物体之间相隔的距离并对其进行方向定位的一个探测系统，它通过发射自己的微波，将一束有方向的脉冲信号发射在特定的靶标物体上，通过测量这一传送时间来达到测量的目的。昆虫雷达是经过科学家们专门进行改进或者设计的一种雷达，这种雷达主要用来对昆虫在空中的迁飞或扩散行为进行观测和研究。它的主要工作原理是：水分是昆虫的主要组成成分之一，使得昆虫具有与雨滴、冰粒等相似的性质，可以向雷达接收机返回能分辨的回波能量。当一束狭仄雷达波射向空中迁飞的昆虫时，昆虫身体会引起雷达波向四周反射，部分雷达波会返回雷达所在方向，如果返回的雷达波强度足够利用雷达的定向和测距性质，可以计算出昆虫迁飞的方位、高度、移动方向和昆虫在一定体积内的密度。昆虫的大小、形状、身体组织的类型、体液等均可影响反向能量的大小。同时，反射能量的大小也受昆虫在雷达波束中的定向、在雷达波束中的位置、与雷达的距离、雷达频率和雷达发射的能量大小等因素的影响。

昆虫雷达可为获取空中虫群的行为学参数提供新的研究手段，其应用促使了迁飞昆虫学由定性研究发展到定量分析，拓展了迁飞昆虫学研究领域的广度和深度。雷达已经被应用于监测多种农业害虫的空中飞行行为参数，如飞行高度、位移速度、位移方向和共同定向等，为昆虫源汇关系的研究提供了重要信息。这些监测到的昆虫的主动飞行行为能够很大程度上影响对昆虫是否迁飞、迁飞数量、迁飞物种种类、迁飞时间、迁飞距离和降落时机等的分析和判断。

雷达能够研究某点或者局部区域的昆虫迁飞现象，却无法直接分析得到昆虫迁飞的源与汇关系。而且，尽管雷达在研究昆虫迁飞中具有许多优势，但是当前由于雷达成本高，难以组建大范围的雷达网，而气象雷达网由于精度问题无法满足昆虫迁飞监测的需求，所以雷达对迁飞性农业害虫的预测预报还难以做到全国范围内的覆盖。因此，还需要将雷达与其他手段进行结合才能做到对昆虫源汇关系的分析以及害虫的预测预报。

参考文献

黄木易，黄文江，刘良云，等，2004. 冬小麦条锈病单叶光谱特性及严重度反演[J]. 农业工程学报（1）：176-180.

马建文，韩秀珍，哈斯巴干，等，2003. 东亚飞蝗灾害的遥感监测实验[J]. 国土资源遥感（1）：51-55.

倪绍祥，蒋建军，王杰臣，2000. 遥感与GIS在蝗虫灾害防治研究中的应用进展[J]. 地球科学进展（1）：97-100.

乔红波，周益林，白由路，等，2006. 地面高光谱和低空遥感监测小麦白粉病初探[J]. 植物保护学报，33（4）：341-344.

吴曙雯，王人潮，陈晓斌，等，2002. 稻叶瘟对水稻光谱特性的影响研究[[J]. 上海交通大学学报（农业科学版），20（1）：73-76.

郑晓梅，2019. 基于多平台遥感的东亚飞蝗灾害监测研究[D]. 杭州：浙江大学.

NILSSON H E, 1985. Remote sensing of 2-row barley infected by net blotch disease （Pyrenophora teres）[M]. Sweden：Sveriges Lantbruksuniv.

第二章　南繁有害生物检测研究进展

第一节　病　害

一、PCR技术

南繁有害生物的多样性及复杂性已使常规的PCR技术较难满足需要，加之PCR技术本身的快速发展，给植物病害病原体的检测提供了更多可供选择的方法，如反转录聚合酶链式反应、免疫捕捉PCR、PCR-单链构型多态性、实时荧光PCR、随机扩增多态性DNA和限制性片段长度多态性等。

（一）反转录聚合酶链式反应

反转录聚合酶链式反应（Reverse transcription PCR，RT-PCR），RT-PCR是以mRNA为模板，在逆转录酶的作用下，以随机引物、Oligo（dT）或基因特异性引物的引导，合成互补的DNA（complementary DNA，cDNA），再利用普通PCR以cDNA为模板，特异性引物的引导下，扩增出不含内含子的可编码完整基因的序列。

1. 原理

提取组织或细胞中的总RNA，以其中的mRNA作为模板，采用Oligo（dT）或随机引物利用逆转录酶反转录成cDNA。再以cDNA为模板进行PCR扩增，而获得目的基因或检测基因表达。RT-PCR在植物病毒病害的检测方面有较多研究。

RT-PCR使RNA检测的灵敏性提高了几个数量级，使一些极为微量RNA样品分析成为可能。该技术主要用于分析基因的转录产物、获取目的基因、合成cDNA探针、构建RNA高效转录系统。

2.合成cDNA引物的选择

（1）随机六聚体引物。当特定mRNA由于含有使反转录酶终止的序列而难于拷贝其全长序列时，可采用随机六聚体引物这一不特异的引物来拷贝全长mRNA。用此种方法时，体系中所有RNA分子全部充当了cDNA第一链模板，PCR引物在扩增过程中赋予所需要的特异性。通常用此引物合成的cDNA中96%来源于rRNA。

（2）Oligo（dT）。一种对mRNA特异的方法。因绝大多数真核细胞mRNA具有3′端Poly（A）尾，此引物与其配对，仅mRNA可被转录。由于Poly（A）RNA仅占总RNA的1%~4%，故此种引物合成的cDNA比随机六聚体作为引物所得到的cDNA在数量和复杂性方面均要小。

（3）特异性引物。最特异的引发方法是用含目标RNA的互补序列的寡核苷酸作为引物，若PCR反应用两种特异性引物，第一条链的合成可由与mRNA 3′端最靠近的配对引物起始。用此类引物仅产生所需要的cDNA，导致更为特异的PCR扩增。

（二）免疫PCR

免疫PCR（Immuno PCR，Im-PCR）是利用抗原抗体反应的特异性和PCR扩增反应的极高灵敏性而建立的一种微量抗原检测技术。PCR技术在检测病原体时常见的难题是模板核酸的含量较低和纯化的问题，常规核酸抽提程序不易去除植物的多糖、多酚成分，而这些化合物对PCR扩增有抑制作用。Im-PCR是在进行PCR之前对反应模板进行改良，利用病原体和其抗血清的特异性结合，对病原体进行捕捉和富集，可提高灵敏度。

免疫PCR主要由两个部分组成，第一部分的免疫反应类似于普通的酶联免疫吸附试验（ELISA）的测定过程；第二部分即通常的PCR检测，抗原分子的量最终由PCR产物的多少来反映。第一步中，首先用待测抗原［如牛血清白蛋白（BSA）］包被微滴板孔，再加入相应的特异抗体，于是抗体就与固相上的抗原结合形成抗原抗体复合物，蛋白A-链亲合素（Protein A-Streptavidin）嵌合体（重组融合蛋白）中的蛋白A部分可与固相上抗原抗体复合物中的抗体IgG结合，而链亲合素部分可与生物素化的pUC19（质粒DNA）（Biotin-pUC19）中的生物素反应，从而将特定的DNA间接吸附于固相。接下来，就是第二步中的PCR过程，第一步中吸附于固相的pUC19质粒DNA在相应的引物存在下，可经PCR在几小时内而放大数百万倍，PCR产物的多少与固相上抗原的量成正比。

PCR由待测抗原、生物素化抗体、亲和素（连接分子）、生物素化DNA和

PCR扩增5部分构成。

1. 待检抗原

被检测的样品可以是抗原，或者是作为抗原的某种抗体。待检的抗原可以直接吸附于固相，这一过程与ELISA试验是相同的，因此有些吸附性差的抗原不能应用简单的免疫PCR方法进行检测，需要对免疫PCR进行改进，以便能够检测吸附性差的抗原。免疫PCR的后续过程需PCR扩增，有些方法应用的固相板或管是特殊用于免疫PCR，并且有些PCR仅可以直接用微量板进行扩增，这样可以简化试验过程和提高检测的精确性。免疫PCR具有非常高的敏感性，特别适用于检测微量抗原。

2. 特异抗体

免疫PCR中的特异抗体是对应于待检抗原，与ELISA一样，抗体的特异性和亲合力将影响免疫PCR的特异性和敏感性。一般均选用单克隆抗体，这个抗体常采用生物素标记，通过亲和素再结合DNA。

3. 连接分子

连接分子是连接特异抗体与DNA之间的分子。介绍的方法中均是通过生物素与亲和素系统使特异抗体与DNA连接，生物素和亲和素作为免疫PCR的连接分子在连接方式上有许多差异。Sano等（1992）首次报道PCR时用的是重组葡萄球菌A蛋白-亲和素嵌合蛋白（SPA-亲和素）。其具有结合IgG和生物素的两个位点，因此可以将IgG与生物素化的DNA连接成复合物。由于重组的SPA-亲和素没有商品试剂，且SPA不但可以结合特异抗体的IgG，而且还可以与样品中吸附于固相的无关IgG结合，特别是检测的抗原就是某种IgG，因此，Ruzicke等（1993）认为Sano的免疫PCR本底高和特异性差。Ruzicke用商品化的亲和素系统试剂建立了一种免疫PCR，这种方法是先将亲和素与生物素化的DNA预结合成复合物，然后再与结合固相的特异性抗体结合，这种方法存在的问题是亲和素与生物素化的DNA分子预结合时二者的分子比例并不是等同的，一个亲和素分子可以结合4个分子生物素，因此在预结合时生物素化的DNA分子不能过多，否则DNA分子上的生物素将亲和素完全饱和，亲和素再无结合生物素化抗体的能力；但在低饱和生物素化DNA时，亲和素结合的生物素化DNA存在许多种类的复合物，甚至还有游离的亲和素，只有部分结合生物素化DNA的亲和素才能起到连接分子的作用，因此，这样预结合的亲和素和生物素化DNA是一均质性很差的混合物。虽然预结合的复合物可以减少测试过程中的1次孵育和冲洗，但是这样的复合物作为连接分子必然导致敏感性低和误差大，并且每次制备的连接分子均有差异，从而导致重复性差。

Hong等（1993）建立了一种免疫PCR方法，连接分子是链亲和素，在连接抗体和DNA时是以游离的方式加入，这样链亲和素先与生物素化抗体结合，冲洗后，再加入生物素化的DNA。这个方法虽然多了1次孵育和冲洗过程，但具有较好的敏感性和重复性。

4. 生物素化DNA

免疫PCR中的DNA是一指示分子，用DNA聚合酶将结合于固相上的DNA特异放大，由此定量检测抗原。免疫PCR的敏感性高于ELISA主要是应用了PCR强大的扩增能力。免疫PCR中的DNA分子可以选择任何DNA，但要保证DNA的纯度，且有较好的均质性，尽可能不选用受检样品中可能存在的DNA。一般可选用质粒DNA或PCR产物等。DNA的生物素化是用生物素标记的dATP或dUTP通过DNA聚合酶标记在DNA分子上，一般是一个分子DNA标记两个生物素，标记率可达百分之百。生物素化的DNA用量需预先选定，过多易出现非特异结合而引起本底过高，过低将导致敏感性低和出现不同浓度抗原得出同样结果的饱和现象。

5. PCR扩增系统

免疫PCR的PCR扩增系统与一般PCR一样，主要包括引物、缓冲液和耐热DNA聚合酶。由于免疫PCR需用固相进行抗原抗体反应，同时又需要对固相结合的DNA进行扩增，因此，免疫PCR固相的选择应根据具体情况确定。用微量板作为固相必须有配套的PCR仪，以使可以用微量板直接扩增，否则需要用PCR反应管作为固相扩增后的PCR产物。用琼脂糖凝胶电泳或聚丙烯酰胺凝胶电泳检测，根据PCR产物的大小选择两种凝胶的浓度。电泳后凝胶经染色和拍照记录结果，再检测底片上PCR产物的光密度，并与标准品比较就可以得出待检抗原量。

（三）PCR-单链构型多态性

PCR-单链构型多态性（PCR Single-strand Conformational Polymorphism，PCRSSCP），PCR-SSCP是一种简单、快速和经济的检测突变的技术，是进一步研究细菌、真菌及病毒在不同地理区间差异的有效手段。PCR扩增的片段在变性剂或低离子浓度下经高温处理变性为单链，形成亚稳定构象，由于碱基组成差异而形成构象的不同，在非变性聚丙烯酰胺凝胶中表现出电泳迁移率不同，即多态性。但PCR-SSCP的重复性较差，且不能检测所有变异的位置。

若碱基突变引起的空间构象变化甚微，迁移率即相差无几，难以判断。随着DNA片段长度增加，SSCP检测的灵敏度也会逐渐降低，分析小于400bp的PCR

产物最有效。松材线虫和拟松材线虫在形态上难以区分，张立海等（2001）应用PCR-SSCP技术可灵敏、可靠的鉴定单条松材线虫。刘升学等（2003）分析了来自新疆不同地区BNYVV RNA2的片段，将12个BNYVV分离株分为4个变异类型，初步明确了新疆分离株存在分化，并有明显的地域分布性。

（四）实时荧光PCR

实时荧光定量PCR（Quantitative Real-time PCR）是一种在DNA扩增反应中，以荧光化学物质测定每次聚合酶链式反应（PCR）循环后产物总量的方法。通过内参或者外参法对待测样品中的特定DNA序列进行定量分析的方法。实时荧光PCR是在PCR扩增过程中，通过荧光信号，对PCR进程进行实时检测。由于在PCR扩增的指数时期，模板的Ct值和该模板的起始拷贝数存在线性关系，所以成为定量的依据。

在常规PCR的基础上，增加1条双荧光标记的核酸杂交探针，即TaqMan探针（荧光报告基团标记在探针的5′端，荧光淬灭基团标记在探针的3′端，两者可构成能量传递结构，即荧光报告基团所发出的荧光可被荧光淬灭基团吸收）。在PCR循环中，TaqMan探针可同PCR产物杂交，由于Taq酶具有5′-3′的外切酶活性，在引物延伸阶段可将TaqMan探针切断，破坏探针的能量传递结构，使报告基团荧光信号增强。随着PCR产物的增加，荧光信号随之增强，根据荧光信号是否增强可判断模板是否扩增。实时荧光PCR不需电泳和EB染色，而是应用荧光监测系统对扩增过程进行实时监控，具有操作简单、省时省力、结果可靠和准确灵敏等优点。但该仪器费用昂贵，迄今仅部分实验室拥有。漆艳香等（2003）设计合成了苜蓿萎蔫病菌实时荧光PCR引物和特异性探针，在国内首次建立了苜蓿萎蔫病菌的实时荧光PCR检测体系，与普通PCR相比，实时荧光PCR的灵敏度高100倍。朱建裕等（2003）用实时荧光PCR和RT-PCR结合可用以检测番茄环斑病毒。

1. SYBRGreen I 法

在PCR反应体系中，加入过量SYBR荧光染料，SYBR荧光染料特异性地掺入DNA双链后，发射荧光信号，而不掺入链中的SYBR染料分子不会发射任何荧光信号，从而保证荧光信号的增加与PCR产物的增加完全同步。

2. TaqMan探针法

探针完整时，报告基团发射的荧光信号被淬灭基团吸收；PCR扩增时，Taq酶的5′-3′外切酶活性将探针酶切降解，使报告荧光基团和淬灭荧光基团分离，从而荧光监测系统可接收到荧光信号，即每扩增一条DNA链，就有一个荧光分子形成，实现了荧光信号的累积与PCR产物的形成完全同步。

（五）随机扩增多态性DNA

随机扩增多态性DNA（Random amplified polymorphic DNA，RAPD）是20世纪90年代初在PCR基础上发展起来的一项技术，它以10bp左右的随机引物用来扩增，可以简便、快捷地检测基因组DNA的多态性，已被广泛用于生物的遗传多样性研究，但RAPD的缺点是重复性较差。在我国已应用RAPD对南繁区域水稻纹枯病菌、高粱丝黑穗病、棉花黄萎病病菌和弯孢类炭疽菌等植物病原体进行了鉴定和检测。

由于随机引物在较低的复性温度下能与基因组DM非特异性的结合，当相邻两个引物间的DNA小于2 000bp时，就能够得到扩增产物。与RFLP相比，RAPD具有很多优点。一是不需要了解研究对象基因组的任何序列，只需很少纯度不高的模板，就可以检测出大量的信息。二是无需专门设计RAW反应引物，随机设计长度为8～10个碱基的核苷酸序列就可应用。三是操作简便，不涉及分子杂交、放射自显影等技术。四是需要很少的DNA样本。五是不受环境、发育、数量性状遗传等的影响，能够客观地提示供试材料之间DNA的差异。可以检测出RFLP标记不能检测的重复顺序区。当然RAPD技术有一定的局限性，它呈显性遗传标记（极少数共显性），不能有效区分杂合子和纯合子。易受反应条件的影响，某些情况下，重复性较差，可靠性较低，对反应的微小变化十分敏感。如聚合酶的来源、DNA不同提取方法、Mg^{2+}浓度等都需要严格控制。

1. DNA制备

参照萨姆布鲁克等（1996）的方法略加改进，取足肌约100mg切碎并溶于裂解液中，加入蛋白酶K至终浓度为100μg/mL，充分混匀后37℃消化4～5h。加入RNase至终浓度100μg/mL，充分混匀后60℃作用30min。向样品中依次加入等体积的饱和酚、酚/氯仿/异戊醇（25∶24∶1）和氯仿/异戊醇（24∶1）抽提蛋白，然后以两倍体积的冰冷无水乙醇沉淀，DNA干燥后加入适量TE溶解，4℃保存。在紫外分光光度计上测定DNA纯度及估计模板浓度，并用琼脂糖凝胶电泳检测DNA分子量。

2. 扩增

使用PCR扩增仪，反应总体积为25μL，其中10×Buffer，2mmol/L Mg^{2+}，0.12mmol/L引物，0.12mmol/L dNTPs，2U Taq酶，20ng模板DNA。

PCR反应程序为95℃预变性5min，94℃变性45s，36℃复性45s，72℃延伸90s，30个循环后，72℃延伸10min，4℃保存。每次PCR反应均设不含模板DNA

的空白对照。扩增产物以1.2%琼脂糖凝胶电泳分离，溴化乙锭染色，在BioRad2 Gel2700 TM凝胶成像系统下观察并拍照记录。

3. 数据处理

将RAPD电泳谱带位点上有扩增位点的记为1，无扩增位点的记为0，建立原始数据矩阵，用Pop Gene（Ver1132）软件进行数据统计。群体的多态位点百分率P（%）=扩增的多态位点数/扩增的总位点数×100。群体遗传多态度用Shannon's多样性指数（H_0）表示，按照Wachira等（1995）的公式，Shannon's多样性指数$H_0=-\sum X_i \ln (X_i/n)$，式中，$X_i$为位点$i$在某一群体中出现的频率，$n$为该群体检测到的位点总数；$H_0$可以分解为群体内遗传多态度（Hpop）和群体遗传多态度总量（Hsp），其中，Hpop=$\sum H_0 / n$（n为所检测的群体数）；Hsp=$-\sum X$（X为n个群体的综合表型频率）。

（六）限制性片段长度多态性（Restriction fragment length polymorphism，RFLP）

特定的限制性内切酶在DNA分子上有其特异性的识别顺序和固定切点，经内切酶消化目的DNA片段，会形成不同长度的片段，该片段大小的差异称为限制性片段长度多态性。在植物病害的诊断研究中利用RFLP探讨病原体的种内不同小种、不同致病型间的DNA差异多有报道。陈明周等（2001）对所分离的50株费氏中华根瘤菌进行了16S rDNA和16~23S rDNA基因间隔区（IGS）的PCR-RFLP分析，结果表明，全部供试菌株的16S rDNA的PCR产物长度为1.5kb、16~23S rDNA IGS的PCR扩增带长度为2.1kb，用Hinf I、Msp I和Hae III酶切后，16S rDNA产生相同的酶切片段，而16~23S rDNA IGS却有明显的多态片段，据此可分为6个IGS型。邱并生等（1998）选择两种通用引物进行巢式PCR扩增20种植原体的16S rDNA片段，回收扩增产物，通过RFLP分析进行分类。

1. RFLP类型

一类是由于限制性内切酶位点上发生了单个碱基突变而使这一限制性位点发生丢失或获得而产生的多态性，故称之为点多态性（point polymorphism）。这类多态性实际上是双态的，即有（+）或无（-）。另一类是由于DNA分子内部发生较大的顺序变化所致。这一类多态性又可以分成两类：第一类是由于DNA顺序上发生突变如缺失、重复、插入所致。第二类是近年发现的所谓"高变区"。高变区是由多个串联重复顺序组成的，不同的个体高变区内所串联重复的拷贝数相差悬殊，因而高变区的长度变化很大，从而使高变区两侧限制性内切酶识别位点的固定位置随高变区的大小而发生相对位移。所以这一类型的RFLP是由于高变区内串联重复顺序的拷贝数不同所产生的，其突出特征是限制性内切酶识别位点本身的碱基没有发生改变，改变的只是它在基因组中的相对位置。实际上，在DNA顺序中，存在着大量的单个碱基的替换，但用通常所用的技术只能检测出影响到限制性内切酶识别位点上的突变。

2. 限制性内切酶

对不同环境微生物群落进行对比分析和多样性分析，要获得较完全的RFLP图谱，即获得尽量多的唯一的末端限制性片段，不仅要在PCR过程中获得尽量多和长的基因序列，还要考虑到限制性内切酶的因素。选择合适的限制性内切酶会得到能良好反映真实环境微生物群落结构的结果。Marsh等（1999）对RD（Ribosomal Database Project）内所有的完整核酸序列用不同的限制性内切酶进行消化，得到了末端片段大小的频率分布图。从HhaI消化获得的频率分布图得知从1 195个序列中得到了340个不同的片段大小，因此仅根据末端限制性片段的大小，就可以分辨出很大一部分数据库序列（分辨率为28.5%）。其中6个最保守的位置仅占数据库中所有序列的15%。从这里我们也可以获得这样一个结论，就是不能仅从一个限制性酶消化的末端片段中获得完整的系统发育图谱。用CviJ对整个数据库的序列进行消化，从1 199个序列中获得了154个不同的片段大小，6个最保守的位置占数据库中整个序列的56%。可以看出，相比之下HhaI能更好地表述微生物多样性。因此为了获得可靠的试验结果，在选择限制性内切酶时，要考虑到限制性内切酶的酶切位点在核酸序列中所处的位置，尽量避免使用酶切位点处在序列保守区的限制性内切酶。

一般来说，所选择的限制性内切酶的酶切位点都为4bp，而且通常选择两种限制性内切酶进行消化。研究表明，依次对PCR产物消化获得的RFLP图谱能更好地解释微生物群落结构特征及其种群多样性。为提高RFLP进行病害分析的效率，了解限制性位点在16S rDNA中的分布和末端限制性片段大小与基因型的关系是十分必要的。Marsh等（2000）建立了一个TRFLP分析程序（T-RFLP analysis program TAP），该分析程序结合了最新版本的RDP，包括带有模型检索运算法则的系统发育树。Marsh等（2000）利用TAP对第7版RDP中的1 663个近乎完全的序列，以27F作为荧光标记引物，以TspEI作为限制性酶进行消化，获得1 200个末端限制性片段，而其中有349个唯一的末端片段大小。也就是说通过这一引物与限制性酶的组合，目前数据库中29%的基因型能够确定。TAP为研究者选择最佳的引物与限制性酶结合进行群落分析研究，提供了一个快捷的途径。

3. 其他的影响因素

由于RFLP技术涉及病虫害DNA的提取和进行目标基因的PCR扩增，因此DNA的提取效率及PCR扩增的效率就会影响到试验的结果分析。DNA提取过程中细胞壁裂解以及PCR的扩增都具有一定的倾向性，很容易造成对自然rRNA丰度的错误估计。因此对生态环境的多样性和丰度的研究做结论时，需要很谨慎并需考虑周全。但有研究表明，PCR的退火温度及循环次数在一定范围内的变化都不会影响到天然菌群RFLP图谱的定量、定性分析，这在一定程度上确保了试验的稳定性和可重复性。

限制性内切酶的消化特异性以及消化过程的彻底性对确保RFLP方法的可靠性十分重要。为监测试验过程中消化的特异性和彻底性，可以在样品DNA中加入具有特定序列的基因作为特异性的扩增模板，另加入带有特殊荧光标记的引物进行扩增，所得到的产物在与样品的PCR产物共同用限制性酶消化之后，很容易从混杂的末端限制性片段中分辨出来，从而可以确定消化是否彻底以及消化的特异性。

二、光谱成像技术

（一）基于地面多光谱成像技术

多光谱成像技术是将摄入光源经过过滤，同时采集不同可见光谱和红外光谱等波段的数字图像，并进行分析处理的技术。它结合了光谱分析技术（特征敏感波段提取）和计算机图像处理技术的长处，同时可以弥补光谱仪抗干扰能力较弱和RGB图像波段感受范围窄的缺点。针对错综复杂的外部环境和形状各异的植物品种，利用多光谱成像技术，同时处理可见光谱和红外光谱图像中植物的颜色信息、形状信息以及特征信息，对植物生长状况进行检测和诊断研究，是植物生理学、生物学、生物数学、遥感技术、计算机图像处理技术等多学科交叉而形成的新研究领域。吴迪等（2008）通过图像处理技术对茄子灰霉病害病斑的检测，由于灰霉病能够在茄子叶片的表面形成水渍状深色病斑，也就是通常所说的灰霉，通过包含绿、红、近红外3波段灰度图的基于地面多光谱成像技术，采用数字图像算法对茄子叶片上的灰霉病斑进行识别，目的是建立能准确反映植物病害状况的检测模型，实时过滤掉土壤噪声、气候条件等环境干扰，实现对植物健康状况进行快速、准确、非破坏性检测。

利用光谱分析技术进行作物长势实时检测一直是遥感在农业应用中的研究热点。植物的光谱特性是植物在生长过程中与环境因子（包括生物因子和非生物因子）相互作用的综合光谱信息。当植物遭受病虫害侵染后，其外部形态和生理效应发生变化，如卷叶、落叶、枯萎等，导致冠层形状变化；叶绿素组织遭受破坏，光合作用减弱，养分水分吸收、运输、转化等机能衰退。受害植物的光谱特性与健康植物的光谱特性相比，某些特征波段的值会发生不同程度的变化。此类光谱特性的变异现象已被国内外许多研究所证实。应用光谱遥感技术，研究和利用受害植物光谱特性的变异信息，可以为大规模地检测植物病虫害发生动向提供可靠的依据。在国内，已有的研究多是围绕病害程度与光谱反射率关系的理论基础研究，真正用于指导实际生产的较少。究其原因，卫星遥感分辨率低，价格昂贵，实效性差，目前只能作为宏观评估手段，无法直接指导以农户为单位的微观田间生产作业；而在地面近距离采集作物光谱数据，由于受到作物冠层几何结构、土壤覆盖度、天气对光谱吸收等因素影响，精确度降低，大大限制了利用光谱技术进行作物病害诊断的可靠性和实用性。消除相关噪声干扰，是建立通用的且精确度较高的植物病害诊断方法和模型的关键。

（二）光谱图像分割

光谱图像分割的目标是将病斑区域从实地采集的作物病害光谱图像中分割出来，分割结果的准确性直接影响病害空间特征和光谱特征的分析结果。利用图像分割技术获取作物病斑的难点在于，一是平衡光谱图像质量，像素较低无法完整分割病斑，像素过高会降低运行效率；二是混淆病斑与类病斑，将颜色或形状类似于病斑的背景误分割；三是分割粉状形态的病害时，病斑边缘信息较难保留。目前较为成熟的作物病害分割算法包括聚类分析、边缘检测、阈值以及形态学等，它们在图像分割中各有优劣。

（三）特征信息提取

作物因病原体侵染或是其他因素而产生的病斑与健康部分相比会表现出不同特征，选取适当的病害特征能提高病害识别模型的准确率和效率。基于光谱成像技术获取的病害信息主要包括空间特征和光谱图像，其中空间特征主要包括病斑的颜色、形状和纹理，光谱特征则是通过反射率曲线表现出来。吴露露等（2013）采用线编码Hough变换获取白粉病等4种病害的形状特征，对病斑的半径和圆形拟合精度达到87.01%，但不适用于非圆形病斑。不同的作物病害在空间特征上可能会表现出一定的相似性，特别是颜色和形状特征。纹理特征经过多参数加权组合在一定程度上能唯一表征病害，但模型的复杂度较高，因此空间特征只能作为辅助参数参与建模。

与空间特征相比，作物病害的光谱特征具有较强的唯一性，每种病害的光谱

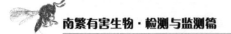

反射率曲线出现特征吸收峰的波段位置不同，通过多个特定吸收峰波段的加权组合进行反向推导，可实现病害检测。光谱成像技术在病害特征的分析方面结合了空间特征的直观性和光谱图像的唯一性，为病害诊断模型提供了全面的数据基础。

（四）作物病害识别

作物病害识别主要依据光谱图像的特征信息对作物进行分类，包括基于光谱植被指数的检测方法和基于机器学习的检测方法。

光谱植被指数是通过多个波长范围内的光谱反射率组合，增强作物病害的光谱特性，从而实现作物病害的检测。大量的研究已经证明了光谱植被指数可以作为间接检测方法对作物病害进行分类，但作物个体、环境和发病阶段不同会导致光谱图像信息的细微差异，从而降低光谱植被指数对病害检测的准确率。

机器学习是通过自动分析方法从作物病害光谱图像中发现规律，并按照规律对未知的图像进行预测。Knauer等（2017）采用线性判别分析对葡萄白粉病400～2 500nm光谱图像数据集进行维数约简，结合纹理特征建立了基于随进森林算法的葡萄病害诊断模型，准确率高达94.1%。郑志雄等（2013）采用BoSW模型分析水稻穗瘟病400～1 000nm的光谱图像，并根据光谱包络词典建立Chi-SVM分类器，不仅实现了病害诊断，还对病害严重程度进行精确的分级。机器学习模型解决了反射系数轻微变化而导致作物疾病检测困难的问题，通过改进算法和优化参数可以获得具有良好推演、泛化能力的作物病害检测模型。

三、热红外成像技术

在正常情况下植物的叶片温度主要通过蒸腾作用来维持相对的稳定性，且两者呈负相关性。热红外成像可以监测植物叶片表面的温度，一旦遇到外界胁迫如病害的影响，叶温的变化将被用来监测诊断植株的受胁迫情况。Chaerle等（1996）曾利用热红外成像法研究了植物与病原体的交互作用，发现在任何病症可视化之前，烟草叶片对烟草花叶病毒（TMV）的抵抗性就可以通过热成像法检测出来，温度的上升局限在受感染部位，并且在细胞死亡可视化8h前就开始剧烈升温，此过程以光晕围绕坏死中心的形式一直可被监测。Jones等（2002）利用红外热成像技术对田园中葡萄叶片的气孔关闭情况进行了监测研究，试验使用Snap Shot 225红外成像设备，设定潮湿和干燥下的相关表面，研究中还讨论了使用热红外成像技术对基于阴暗处和光照处叶片温度情况的分析来检测葡萄叶面的气孔关闭情况，证明参考表面的温度情况受植物冠层水分状况的影响。

利用远红外热像仪，在不伤害植物的前提下，对经化学诱变的拟南芥幼苗进行多种胁迫信号（干旱、H_2O_2 及 CO_2 等）单独或复合处理，以幼苗叶片温度高于或低于正常植株0.5℃以上为筛选指标，发现所得突变体为隐性单基因突变所致，并且突变体对气孔关闭的调节上都与野生型有明显的差异。

（一）非侵染性病害检测

气孔变化对植物水分亏缺相当敏感，气孔导度值是一个很好地反映植物水分状况的参数，当植物遭受干旱胁迫时，气孔关闭，蒸腾作用下降，叶温升高，利用红外热成像技术可以获取植物冠层温度，从而间接反映植物水分胁迫，根据气孔导度值适时灌溉，可以避免叶片萎蔫而引起的作物产量下降，更重要的是，可以实时监测植物的水分状况，从而开展适时适量的灌溉预报，对于实现农作物生产可持续、稳产、高产具有一定的实际意义。

红外热成像技术可以用于估测气孔导度，Leinonen等（2006）利用热成像仪获取干旱胁迫下葡萄树的冠层温度，采用能量平衡、干参考面及干、湿参考面结合3种方法估算气孔导度。热成像仪获得的冠层温度是用来估测气孔导度的最好参数。总体看来，热成像仪能够遥感监测大面积作物，并快速获取其气孔导度值，从而做到及时灌溉，符合精细农业的发展理念。进一步研究发现，根据冠层温度制定最优灌溉制度有一定的局限性，于是基于冠层温度的表征植物受水分胁迫程度的作物水分胁迫指数（CWSI）得到了广泛研究。从这些研究可以看出，红外热成像能很好地监测植株是否受干旱胁迫，但无法得知其具体所需灌水量，并且各种外界干扰使得采集的红外热成像图效果不理想。列举了红外热成像仪在植物抗旱方面所做的研究进展，对于红外热成像仪在低温冻害、杂草等其他非侵染性病害方面的研究没有很大实际意义，这里不加赘述。

（二）侵染性病害检测

真菌和病毒等病原微生物对植物的侵染是一个主动的过程，它们可以通过本身所分泌的酶、毒素等来达到侵染的目的，也可以通过直接进入植物体内并大量繁殖而对植物造成伤害。此类病害具有传染性，一旦一株或小块区域植株遇害，如不采取措施，就会大面积传播。

在病原物侵染植物后，寄主植物光合作用速率降低，呼吸速率显著增加，体内水分状况以及植物激素水平发生明显变化。然后，植物叶片表现黄化、坏死、腐烂、萎蔫、畸形等可见症状。在日常管理中，一般可根据植株表现出的可见症状进行防治，但此时病害往往已经相当严重。若利用热成像技术，根据受侵染叶片在未显症状时的叶温变化，可以尽早检测出病害从而及时采取相应的防治措施。因此，应用热成像技术有望对侵染性病害实现早期检测，目前用红外热成像早期检测侵染性病害的情况。植物感病后，叶温在显症前会升高或降低，使得利用红外热成像技术对病害进行早期检测成为可能。热成像技术在侵染性病害检测方面的研究较少，如黄瓜、烟草和葡萄树霜霉病，烟草和番茄花叶病，苹果结痂病，小麦叶锈病及甜菜褐斑病，但仅有的这几个研究达成了一个共识，即红外热成像可以在病害显症前检测出病害，至于该技术具体可以在何时检测出病害以及温度变化与病害程度的具体关系等都不十分明确。利用热成像技术检测其冠层温度，发现病害区域同健康区域的冠层温度并无明显差异，这说明热成像技术并不适合用于任何植株的侵染性病害早期检测。在显症前，热成像仪均能观察到病害区域较正常区域叶温下降，但是采集黄瓜叶片热图像时选用棕色硬纸板作为背景色，为获取稳定热图像而进行变温试验，这无疑限制了热成像技术将来在大田病害检测中的推广应用。综合上述研究，在温室内，红外热成像能很好地将显症前的感病组同健康组区分开来，但将其投入到实际应用中还有必要作进一步研究与改善。

第二节　虫　害

在南繁病虫害的各种检测方法中，检测人员尤其是基层植保植检人员普遍使用的是目测手查法。使用该方法观察有无病虫害发生及其为害程度，用捕捉虫蛾等办法判断病虫害暴发的可能性。这些传统的监测方法费时费力不说，其获取信息的滞后性还严重影响病虫预报准确率，进而影响了病虫害防治的及时性和有效性。为了提高病虫害监测的精度和水平，采用高科技手段及时了解田间南繁作物的健康与否以及病虫害程度已成为病虫害监测的重要研究方向。

一、目测手查法

传统的目测手查法包括田间系统调查、灯光诱测和捕捉虫蛾等几种方法。这是我国目前基层使用最为广泛的一种监测方法，尤其是各地方植保植检站，基本都采用这种方法。早在1995年，我国就颁布了针对一些重大的农作物病虫害相应的测报调查规范，将田间系统调查和灯光诱捕等传统监测方法进行了标准化，指导各地各级植保植检站的日常监测工作。丁建云等（1997）制作出高空捕虫网，并将其与田间系统调查、灯光诱捕传统监测方法结合起来，用于稻白背飞虱的监测，试验证明应用高空网监测虫害是可行的，从而丰富了传统监测方法。但是由于这些检测信息存在着一定的滞后性，检测信息得不到及时有效地利用，越来越不能满足现代农业的需要。

二、基于植物挥发物检测

植物可通过多种途径向周围生物展示自己的状态，这其中最重要的就是释放挥发性有机化合物。研究表明植物不但可通过释放挥发物来表明自己的身份，还可通过改变其组成或浓度来展示自身的生理状态，以及所遭受到的生存压力。特别是当植物被害虫取食后，其挥发物将发生巨大变化，其组成成分发生变化，并且释放量大量增加。昆虫的种类、虫龄、为害程度、为害方式，以及被为害植物的种类、品种、生育期、被害部位和一些环境因子（如温度、水分、光照、肥力等）都可影响挥发物的组成和释放量。

植株挥发物的组成十分复杂，包括烷烃类化合物、烯烃类化合物、醇类化合物、酸类化合物、酮类化合物、醚类化合物、酯类化合物、羟酸类化合物等。按照新增挥发物的形成过程，植物遭受虫害后的挥发物主要有3种类型，分别是组成型、诱发型和新形成的化合物。

组成型是指原本存在于植物细胞中，当植物遭受机械损伤后在受损部位能立即释放的物质；诱发型化合物是指那些能够被未受损植株释放，但经植食性昆虫取食后释放量加大的挥发物；新形成的化合物是指那些不能被未受损植株释放，但经昆虫取食后产生的新物质。按照新增挥发物的形成原理，植物遭受虫害后的挥发物主要分为两类，分别是因机械损伤而形成的挥发物和因与害虫唾液等反应而形成的挥发物。

当植物受到害虫为害时，其挥发物会发生明显变化。当为害植物的害虫不同时，由于不同害虫种类之间的唾液分泌物存在区别，受不同害虫为害植物的挥发物也存在区别；为害越严重，挥发物的挥发量越大，并且挥发物的成分也会发生改变，不同为害程度植物的挥发物也是存在区别的；由于植物与害虫唾液分泌物之间的化学反应存在延迟和累积作用，不同为害时间植物的挥发物也是不同的。

综上所述，植物受不同害虫为害、受害程度不同、受害时间不同均会导致挥发物的区别，可以尝试采用基于植物挥发物的变化对这些信息进行检测确定。

（一）电子鼻系统

电子鼻又称气味扫描仪，是20世纪90年代发展起来的一种快速检测食品的新颖仪器。它以特定的传感器和模式识别系统快速提供被测样品的整体信息，指示样品的隐含特征。电子鼻是模拟动物嗅觉器官开发出的一种高科技产品，目前科学家还没有全部弄清楚动物的嗅觉原理。但是随着科技的发展，目前世界上较为权威的一些大学已经开发出具有广泛应用的电子鼻，最著名的要数德国的汉堡大学，在当今世界的传感器领域中具有绝对权威。

它是由选择性的电化学传感器阵列和适当的识别方法组成的仪器，能识别简单和复杂的气味，可得到与人的感官品评相一致的结果。

电子鼻主要由气敏传感器阵列、信号预处理和模式识别3部分组成。某种气味呈现在一种活性材料的传感器面前，传感器将化学输入转换成电信号，由多个传感器对一种气味的响应便构成了传感器阵列对该气味的响应谱。显然，气味中的各种化学成分均会与敏感材料发生作用，所以这种响应谱为该气味的广谱响应谱。为实现对气味的定性或定量分析，必须将传感器的信号进行适当的预处理（消除噪声、特征提取、信号放大等）后采用合适的模式识别分析方法对其进行处理。理论上，每种气味都会有它的特征响应谱，根据其特征响应谱可区分不同的气味。同时还可利用气敏传感器构成阵列对多种气体的交叉敏感性进行测量，通过适当的分析方法，实现混合气体分析。

1. 虫害类型检测

植物受病虫害影响所挥发出来的气体主要可分为由机械损伤损坏细胞引起和由害虫与病菌分泌物诱导引起两大类。特定的分泌物会引发特定的挥发物，从而可以利用挥发物对病虫害进行区分。Hendson等（2010）使用电子鼻对健康、受绿椿象和南方绿椿象咬食的棉花进行检测。主成分分析结果显示，对有无椿象为害的棉花进行区分可以获得优良的效果，但是对于椿象类别的区分则无法取得满意的结果，并获得了100%的分类正确率。相对病虫害研究的其他方面（如受害程度、受害时间、受害部位等），利用电子鼻对病虫害类型区分的研究较多（有很多植物种类和模式识别方法已被引入并验证了电子鼻的可行性）。作为病虫害治理中需最先确认同时也是较为简单的一项参数，更多试验样本可以引入并验证电子鼻的可行性。另外，对于在这方面研究已经较为深入的植物和病虫，可以开始尝试使用电子鼻对同时感染几种不同种类的病虫的植物进行区分以及环境对区分效果的影响等内容进行研究，逐步模拟实际应用环境，检验电子鼻在实际田间的区分效果。

2. 受害程度检测

植物的受害程度同样可以对其挥发物造成影响。在试验中，常以虫口密度和菌落大小来衡量植物的受害程度。用电子鼻对褐飞虱感染的水稻进行研究，并对受不同害虫数量为害的水稻进行区分。结果表明，不同害虫数量的区分与为害时间存在极大的关系。总体而言，在为害36h之内，电子鼻对害虫数量的区分具有较好的效果，但是在感染72h后，各个样本点混杂在一起，变得难以区分。使用电子鼻对为害水稻的褐飞虱的数量进行预测，并且用多种数据处理方法对电子鼻结果进行处理，各种数据处理方法均取得了很好的效果，说明可以使用电子鼻对褐飞虱的数量进行预测。针对受褐飞虱为害的水稻使用电子鼻进行检测，并预测褐飞虱的数量和虫龄。使用多种算法进行对比，最终取得了不错的效果，结果表明，可以使用电子鼻对褐飞虱的数量和年龄进行预测。利用电子鼻对病虫害程度检测均取得了较好的效果，充分证明电子鼻在植物病虫害程度方面检测的潜力。但是，大部分的检测只是停留在对受害程度差异明显的样本的区分，在将来的研究中，可以对电子鼻最低检测限和不同受害程度之间的最低区分值等方面进行研究。

3. 受害时间检测

受害时间是病虫害检测的一个重要指标。若能及早发现病虫害，并快速采取相应的措施治理，便可降低产量的损失。很多研究表明，病虫害感染的时间不同，植物所挥发出来的气体也是有所区别的。因此，电子鼻可以应用到病虫害感染时间的区分，并且有很多学者已经做了相应的研究，但是用电子鼻检测植物受害时间方面的研究最少，并且其数据处理方法单一（基本上只有主成分分析一种）。今后，在对扩展研究试验对象及数据处理方法的同时，可对电子鼻对不同检测时间的灵敏度进行研究，同时引入更多差距更小的时间点进行检测，使结果更加全面。

（二）气相色谱—质谱联用技术

气相色谱对有机化合物具有有效的分离、分辨能力，而质谱则是准确鉴定化合物的有效手段。由两者结合构成的色谱—质谱联用技术，可以在计算机操控下，直接用气相色谱分离复杂的混合物样品，使其中的化合物逐个地进入质谱仪的离子源，可用电子轰击，或化学离子化等方法，使每个样品中所有的化合物都离子化。

其中，质谱法可以进行有效的定性分析，但若要得到准确的信息，进入质谱仪的必须是纯物质，对复杂有机化合物的分析就显得无能为力；而色谱法对有机化合物是一种有效的分离分析方法，特别适合于进行有机化合物的定量分析，但对其中物质的定性分析则比较困难。因此，这两者的有效结合发挥了各自的优势，为化学家及生物化学家提供了一个进行复杂有机化合物定性、定量的高效分析工具。

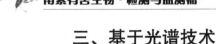

三、基于光谱技术

（一）高光谱遥感技术

由于高光谱成像技术融合了图像处理和光谱分析的优点，可以快速、无损地检测研究对象内外部特性，因此近年来在农产品品质与分级中获得了广泛的应用，尤其为农产品受虫害后的检测带来了新的途径和方法。该方法经反复优化参数，结果为总体识别错误率低，使用线性判别分析（Linear Discriminant Analysis，LDA）和二次判别分析（Quadratic Discriminant Analysis，QDA）对健康作物与虫害为害作物进行判别。应用高光谱成像技术实现了外部虫害的检测，总体正确识别率较高，还可利用高光谱透视图像和反射光谱数据研究果实内部虫害的无损检测，采用偏最小二乘判别分析法正确识别虫害，利用特征波长主成分分析法结合波段比算法进行虫眼枣识别，识别率也较高。通过高光谱成像技术，探索有效提取能正确识别苹果虫害的特征向量，可为后续虫害的快速、无损检测，构建基于多光谱成像技术的线检测与分级系统提供理论依据。

（二）太赫兹光谱技术

太赫兹（THz）波，或称THz辐射、T-射线、亚毫米波，指的是频率在0.1～10THz（波长在30μm至3mm）范围内的电磁辐射（1THz=10^{12}Hz）。在电磁波谱上，太赫兹波位于微波与红外线之间，其两侧波段均有了较多的研究应用，低频太赫兹波部分呈现微波辐射特性，高频太赫兹波部分呈现光学辐射特性，处于由电子学向光子学过渡区域，安全无电离辐射。太赫兹波的特殊位置使其波谱具有一些独特的性质，有着良好的研究潜力和应用前景。

近十几年来，超快激光技术的迅速发展，为太赫兹脉冲的产生提供了稳定、可靠的激发光源，使太赫兹辐射机理研究、检测技术和应用探索得到了蓬勃发展。物质的太赫兹响应光谱（包括透射光谱和反射光谱）包含着丰富的物理和化学信息，研究物质的太赫兹波谱响应，对于探索和分析物质结构，开展太赫兹波的现实应用研究等，具有十分重要的价值。

研究的主要内容，一是制作样品切片，并利用太赫兹时域光谱仪采集不同切片0～2THz波段的太赫兹吸收光谱，对比分析了所制切片的光谱特性；二是采集活体虫害和害虫切片的太赫兹吸收光谱，并与寄主植物对比寻找害虫独特的光谱特性。

四、图像识别技术

计算机图像识别是一门新兴技术，目前已在农业领域内得到较广泛应用。相对而言，农业害虫的图像识别技术研究较少，尚处于起步阶段。田间害虫图像识别法的原理是通过对图像传感器所获得的农作物害虫图像进行分析处理，有效地识别害虫的种类及数量，从而对害虫的活动情况进行实时监控和自动判别，结合专家知识，获得害虫为害程度等级，并决策出合理的防治方案。农作物害虫的图像识别法始于昆虫形态学的研究，对昆虫个体的形态特征进行描述和识别，包括昆虫图像数字化技术、昆虫图像处理与识别技术、昆虫图像的解释和理解、昆虫数学形态学数据库等。

图像识别法在害虫的机器识别研究中进展较快，但与在田间进行大面积动态识别并用于实时指导农药精确喷施的生产化应用尚有一定距离，其原因一是由于害虫具有迁移性、掩蔽性等特点，特别是在田间，由于光照复杂，增大了机器识别的难度，目前田间害虫的图像识别研究大多针对静态图像，在实验室条件下对静止的害虫进行识别，或者在田间通过诱集将已昏死的害虫或将受害虫侵害的样本送入光照均匀、恒定的无影CCD视区，获得高质量的静态图像进行分析处理和识别，在指导精准农业的变量喷施上，很难满足实时性的要求。二是在农药精确喷施时，从获取田间图像、分析处理、害虫发生程度识别、喷施作业量决策，到操控喷施作业机具动作、执行喷施作业量，通常允许的处理时间为0.5~2s，这给图像识别相关算法提出了很高的要求——兼具快速性和准确性。

第三节　草　害

一、分子检测技术

（一）RAPD分类技术

以研究对象的基因组DNA为模板进行扩增，扩增产物通过聚丙烯酰胺或琼脂糖凝胶电泳，经EB染色检测多态性，扩增DNA片段的多态性反映了基因组相应区域的多态性。林慧彬等（2003）对山东4种菟丝子进行分析，结果寄生于不同植物上的4种菟丝子显示出扩增片段的多态性，表明寄主植物对菟丝子的基因组有一定影响。得出了PAPD分析可以作为性状相近的几种菟丝子以及不同寄主上的4种菟丝子鉴定依据的结论。在统计软件按非加权算术平均数进行聚类并构建系统发育树状图，阐述植物种间的亲缘关系，说明RAPD分析方法可从分子生物学角度为植物的系统学分类提供更为有利和可靠的证据。

（二）RFLP分类技术

在技术上大致分为4个过程：酶切→电泳后转膜→预杂交/杂交→放射自显影。生物素或荧光物质等非放射性同位素标记探针的出现，使该技术的应用变得较为安全。RFLP分析的理论基础是限制性内切酶酶切片段长度的多态性起源于同源序列上限制性内切酶识别位点上的不同，或者由于点突变、重组等原因，引起限制性内切酶位点上脱氧核苷酸的替换、插入、缺失等变化，而引起某一特定内切酶识别位点发生变化，从而导致酶切片段的多态性。由于RFLP为共显性遗传标记，不受显隐性、环境和发育阶段的影响，多态性丰富，因此，为植物类群研究，特别是为属间、种间甚至品种间的亲缘关系与系统演化研究都提供了有力的证据。

（三）PCR SSR分类技术

微卫星简单重复序列（Microsatelite Single Sequence Repeat，SSR），或简单序列长度多态性（Simple Sequence Length Polymorphism，SSLP），它用二碱基或三碱基为重复单元重复次数大于10的短脱氧核苷酸作为引物，扩增结构基因两侧存在的微卫星区为高度重复序列，对于单个物种来说，此区重复碱基的数目、序列重复次数均是相当稳定的，通过探针检测这些序列的差别，可达到对物种进行鉴别的目的。由于此类扩增片段具有高度特异性，不同物种、同一物种的不同品种，所含各异，是目前较为先进的遗传标记系统，但需要足够数量的克隆，并对其进行测序及引物的设计。李建辉等（2007）利用SSR技术对田野菟丝子的遗传多样性进行研究，通过筛选引物并对影响扩增效果的一些因素等指标进行优化，建立了可用于田野菟丝子SSR分析最适宜的反应体系。

（四）AFLP分类技术

限制性扩增片段长度的多态性（Amplified Fragment Length Polymorphism，AFLP）是1995年发展起来的另一类以PCR为基础的分子标记，是PCR和RELP相结合的产物，在一次反应中能扩增出50~100条谱带，具有丰富的多态性。在技术上主要包括3个步骤，一是总DNA的限制性酶切，寡聚脱氧核苷酸连接头的连接；二是预扩增，第二次扩增；三是扩增片段的分离与检测。AFLP可通过控制选择性延伸碱基的数目来控制扩增片段的多少，具有较好的可操作性，同时由于其多态性强，因而非常适合于绘制品种的指纹图谱及进行分类研究。AFLP的缺点是成本高，需要放射性同位素的标记检测，目前尚未见到用AFLP进行观赏植物分类研究的报道。黄文坤等（2007）以中国境内的紫茎泽兰为材料，用AFLP方法研究了其群体遗传多样性及遗传分化。相关性分析表明，紫茎泽兰的遗传多样性与海拔呈正相关而与经度和纬度呈负相关。聚类分析表明地理群体具有明显的地缘关系。由此推断风媒传播可能是紫茎泽兰的主要传播方式，水媒传播可能是紫茎泽兰的另一主要传播途径。随着紫茎泽向东和向北扩散，新入侵地区的遗传多样性逐步降低。

（五）rDNA ITS分类技术

ITS（Internal Transcribed Space）内转录间隔区位于18S和5.8S rDNA（ITS1）之间以及5.8S和26S rDNA之间（ITS2）。rDNA的ITS序列可在较低分类阶元上解决植物系统发育问题。包括科的界限和科内属间关系、属下分类系统、近缘种关系甚至种下等级的划分。在探讨一些被子植物科内的系统发育时，转录间隔区提供的信息包括网状进化的直接证据是很有价值的。目前，ITS可能是分子系统学研究中应用最为广泛的基因之一。郭琼霞等（2006）通过对假高粱进行DNA分子鉴别，通过对假高粱和同属近似种拟高粱、明福1号的rDNA ITS区进行PCR扩增和RELP分析，寻找出可以鉴别假高粱DNA的限制性内切酶，建立了一种快速鉴定假高粱的分子标记方法。

（六）SNP分类技术

单核苷酸多态性（Single Nucleotide Polymorphism，SNP）是指在染色体基因组水平上单个核苷酸的变异引起的DNA序列多态性，而其中最少一种等位基因在群体中的频率不小于1%。它包括单碱基的转换、颠换、插入及缺失等形式。例如，一个SNP可以将一个DNA序列AAGGCTAA变为ATGGCTAA，其中发生了A→T的颠换。SNP在基因组内可以划分为两种形式，一是遍布于基因组的大量单碱基变异；二是基因编码区的功能性突变，由于分布在基因编码区（coding region），故又称其为cSNP。经常引起表达蛋白的多态性变异，有时会影响它们的功能特性。它作为一种新型的分子遗传标记，越来越受到世人的关注。SNP被用作重要的遗传学工具的同时，也是功能基因组学研究的重要对象。

二、光谱监测技术

光谱检测方法主要利用农田作物和其伴生杂草之间反射率的不同，由于光谱数据量过大，分析时间过长，因此，在田间应用上具有一定局限性。光谱识别方法的优点是反应迅速、结构简单、成本低、实时性好且易形成商业化。深入研究杂草的光谱识别方法很有必要，具有良好的应用前景。在我国，杂草的光谱识别仍处于起步阶段。

（一）光谱特征识别与分析

光谱特征识别法利用了在某些特征波长点或某段波长范围内作物和杂草所反射的电磁辐射的差异进行识别。运用分光辐射谱仪在自然光照条件下测定了几种杂草在400~900nm范围内的反射率，通过分析得到了440nm、530nm、650nm和730nm 4个特征波长点；运用成像光谱仪测定几种杂草在670~1 070nm范围内的反射率，选定649nm、970nm、856nm、686nm、726nm、879nm、978nm作为特征波长点，杂草的识别率超过了85%。由于测量仪器、环境条件、测量范围和研究对象等差异，不同的研究所选定的特征波长点也不同。结合实时识别杂草的需要，测量分析了几种杂草在700~1 100nm波长范围内的反射率。

（二）建模方法

从原始光谱数据中提取有用信息以识别作物和杂草，需对其建模。应用于杂草识别的建模算法主要有神经网络（ANN）、支持向量机（SVM）和决策树（DT）等算法。在室内采集了杂草幼苗在20~1 100nm的光谱数据，用神经网络建立模型，达到了一定的识别率。SVM分类方法是基于小样本统计学理论发展起来的，对高维空间有很好的推广能力，一些学者将其引入到高光谱数据分类中，获得了很好的效果。在田间测量了植株冠层在350~2 500nm波长范围内的光谱数据，用支持向量机（SVM）算法建模，利用投票机制，建立了稗草分类SVM模型，正确识别率达80%，对于受光照、背景和仪器测量精度等条件影响较大的田间光谱测量，分类结果仍表明SVM结合光谱技术在田间杂草识别中应用潜力较大。用决策树算法从水分胁迫、杂草分布和氮素施用情况3个方面对在实验田中测量的高光谱数据进行分类，结果表明将决策树算法应用于高光谱数据的分类具有一定的潜力。

三、图像识别技术

杂草的准确定位与识别是实现精准除草的重要环节，对此，国内外学者已经进行了广泛研究。但这些研究存在以下不足，一是单纯的杂草定位识别只能确定杂草的具体方位，并进行识别，却忽略了杂草的轮廓面积，使用相同剂量除草剂可能造成过喷或少喷，既浪费了除草剂，也达不到防治效果。二是在实际应用中，作物跟杂草可能会互相遮掩并一同出现，普通的分类很难准确识别复杂背景下的杂草。三是简单的作物杂草语义分割，只能区分不同类别的作物杂草，当多幅相同类别的作物杂草一同出现时，不能对每个作物杂草进行实例化的分割定位，这不利于确定每幅作物杂草图像的具体方位，对变量喷雾造成一定困扰。基于此，提出基于MaskR-CNN的杂草检测分割方法，该方法结合目标检测和语义分割，可使用ResNet-101网络提取复杂背景下的杂草图像特征，利用区域建议网络（Region Proposal Network，RPN）提取区域坐标特征，再利用区域特征聚集方法（RoIAlign）得到固定尺寸的特征图，使用输出模块对特征图进行分类回归分割计算，完成复杂背景下杂草的具体方位、类别及轮廓的计算，根据杂草的轮廓面积和具体方位进行定位、定量的农药喷洒，以解决上述问题。

（一）基于SVM图像识别

图像识别技术进行杂草检测时，一般需要获取图像的颜色、纹理、形状等特征综合建模。这些方法虽然取得了较好的效果，但其对图像的获取方式、预处理方法、特征提取的好坏都具有较高的依赖性，尤其是数据获取环境会对图像特征抽取产生很大影响，以至于方法适应性较差，难以做到大面积、大范围推广。

目前，国内外研制的杂草识别系统仅能检测出简单背景下的杂草，对复杂背景下株间杂草的识别效率较低。利用视觉进行图像检测的方法，其原理主要是首先将植物区域（作物和杂草）从背景中分离，然后利用各种判别器和分类器进行训练及检测。目前这类视觉检测方法对简单背景下杂草识别适用性强，检测率高。但是针对杂草与作物密集分布以及光线过强导致阴影覆盖等复杂背景，这类方法检测率不高，很大程度上影响最终精准定位作业率。针对上述情况，以大田环境下杂草图像为研究对象，在综合分析杂草颜色特点的基础上，结合改进的Itti视觉注意模型、区域生长算法以及支持向量机（SVM）分类器，实现大田复杂环境下杂草的准确检测。

（二）基于Mask R-CNN检测

将Mask R-CNN模型与目标检测算法、FCN分割算法相结合，可以在检测目标的同时分割出目标轮廓。为了满足精准农业变量喷药的需要，实现杂草的实时精准检测识别，提出了基于Mask R-CNN的玉米田间杂草检测分割方法，实现对复杂背景下杂草的识别、检测、分割。该模型由卷积神经网络（Convolutional Neural Networks，CNN）、区域建议网络（RPN）、R oIAlign、输出模块4部分组成。

（1）CNN。利用基层卷积神经网络提取包含杂草语义空间信息的特征图。

（2）RPN。将特征图按比例映射到原图像，并根据锚点在相应区域产生预选框（Bounding Box，BBox），根据BBox与真实值的交并比（Intersection over Union，IoU）选出正、负样本，进行分类回归训练，使用非极大值抑制（Non Maximum Suppression，NMS）方法筛选BBox，选出杂草的预选区域。

（3）RoIAlign。取消量化操作造成坐标值的偏差，使用双线性内插法获得坐标为浮点数的像素图像，根据预选区域的坐标位置，将特征图的相应预选区域池化为固定尺寸的特征图。

（4）输出模块。由分类回归模块和FCN模块构成，分类回归模块负责特征图目标的类别分类及目标框回归，FCN模块负责计算目标的像素，进行目标轮廓的分割。

四、深度学习技术

随着深度学习的迅猛发展，研究学者将目光转向基于深度学习的目标识别。上述方法免去了人工设计特征的过程，在图像分类上表现突出，但还不能做到目标位置检测，且在实时性上还稍有不足。基于此，Joseph等（2016）借鉴卷积神经网络和候选区域生成算法提出了YOLO（You Only Look Once）算法，目标检测技术也取得了突破性的进展。

该算法最新版本YOLOv3集成了Faster R-CNN、SSD和ResNet等模型的优点，是到目前为止速度和精度最为均衡的目标检测网络。目前，YOLOv3算法也在众多领域取得了优秀的表现。王殿伟等（2018）将改进的YOLOv3算法用于红外视频图像行人检测，其准确率高达90.63%，明显优于Faster R-CNN。戴伟聪等（2018）在遥感影像中利用YOLOv3实时检测飞机，检测精度、召回率达到96.26%、93.81%。因此，基于改进的YOLOv3算法建立棉田杂草识别模型，以期达到足够的精度和速度，为可实用于大田生产的精准除草奠定技术基础。

参考文献

陈明周，谢福莉，周俊初，2001. 采用PCR-RFLP技术对费氏中华根瘤菌的遗传多样性研究[J]. 中国农业科学，34（5）：572-575.

戴伟聪，金龙旭，李国宁，等，2018. 遥感图像中飞机的改进YOLOv3实时检测算法[J]. 光电工程，45（12）：84-92.

丁建云，王文瑶，余盛华，等，1997. 高空捕虫网在稻白背飞虱监测中的应用[J]. 植物保护，23（5）：28-30.

郭琼霞，黄可辉，虞赟等，2006. 基于rDNA ITS分析的假高粱鉴定方法[J]. 福建农业学报，21（1）：32-34.

黄文坤，郭建英，万方浩，等，2007. 紫茎泽兰群体遗传多样性及遗传结构的AFLP分析[J]. 农业生物技术学报，7（6）：86-94.

林慧彬，林建群，林建强，2003. 山东四种菟丝子的RAPD分析[J]. 中药材（1）：8-10.

刘升学，向本春，黄家风，等，2003. 利用PCR-SSCP对新疆甜菜坏死黄脉病毒RNA2变异的研究[J]. 中国糖料（1）：6-9.

漆艳香，赵文军，朱水芳，等，2003. 苜蓿萎蔫病菌TaqMan探针实时荧光PCR检测方法的建立[J]. 植物检疫，17（5）：260-264.

邱并生，李横虹，史春霖，等，1998. 从我国20种感病植物中扩增植原体16S rDNA片段及其RFLP分析[J]. 林业科学，34（6）：67-74.

王殿伟，何衍辉，李大湘，等，2018. 改进的YOLOv3红外视频图像行人检测算法[J]. 西安邮电大学学报，23（4）：48-52.

吴迪，朱登胜，何勇，等，2008. 基于地面多光谱成像技术的茄子灰霉病无损检测研究[J]. 光谱学与光谱分析（7）：1496-1500.

吴露露，马旭，齐龙，等，2013. 基于叶片形态的田间植物检测方法[J]. 农业机械学报，44（11）：241-246，240.

张立海，廖金铃，冯志新，2001. 松材线虫rDNA的测序和PCR-SSCP分析[J]. 植物病理学报，31（1）：84-89.

郑志雄，齐龙，马旭，等，2013. 基于高光谱成像技术的水稻叶瘟病病害程度分级方法[J]. 农业工程学报，29（19）：138-144.

朱建裕，朱水芳，廖晓兰，等，2003. 实时荧光RT-PCR一步法检测番茄环斑病毒[J]. 植物病理学报，33（4）：338-341.

CHAERLE L，VAN CAENEGHEM W，MESSENS E，et al.，1999. Presymptomatic visualization of plant-virus interactions by thermography[J]. Nature biotechnology，17 （8）：813-816.

HENDERSON W G，KHALILIAN A，HAN Y J，et al.，2010. Detecting stink bugs/ damage in cotton utilizing a portable electronic noses[J]. Computers and Electronics in Agriculture，70（1）：157-162.

JONES H G，2002. Use of thermography for quantitative studies of spatial and temporal variation of stomatal conductance over leaf surfaces[J]. Plant，Cell & Environment，22（9）：1043-1055.

KNAUER U，MATROS A，PETROVIC T，et al.，2017. Improved classification accuracy of powdery mildew infection levels of wine grapes by spatial-spectral analysis of hyperspectral images[J]. Plant Methods，13（1）：47.

LEINONEN I，GRANT O M，TAGLIAVIA C P P，et al.，2006. Estimating stomatal conductance with thermal imagery[J]. Plant，Cell & Environment，29（8）：1508-1518.

第三章　南繁有害生物监测研究进展

第一节　南繁有害生物监测概述

自1956年至今，南繁成为中国新品种选育的"加速器"，为各地农业抵御洪涝等自然灾害、加速新品种推广等发挥特殊作用，也对当地农业和农村经济的发展起到了明显的示范带动作用。我国琼州海峡阻断了一些病虫害在海岛和大陆间的有效传播，然而，随着大陆与海岛交流的日益频繁，在南繁过程中，邮寄或随身携带种子是在海南和大陆之间试验材料的主要交流途径，随身携带种子已成为很多科研人员进出岛的主要方式。种传病虫害对海岛与大陆农作物或植物的潜在危害就可能在所难免。海南独特的雨水和温度，对一些病虫害来讲是很好的温床，在大陆次要病虫害是否会在海南变成主要病虫害？而在海南一些热带病虫害是否也会侵害大陆植物？未传入的病虫害是否会在异地一定条件下灾变流行？已传入的病虫害对当地植物的为害性如何？这些都缺乏有效的监控和了解。

1993年至今的20多年间，海南省外来有害生物以美洲斑潜蝇、水椰八角铁甲、蔗扁蛾、椰心叶甲、香蕉枯萎病的为害为甚。令人担忧的是，一些尚未侵入、极具为害性的有害生物，已在海南周边国家和地区出现，如棕榈象甲、橡胶棒孢霉落叶病、香蕉穿孔线虫、红火蚁等，这些有害生物随时可能侵入海南，其中，香蕉穿孔线虫就多次被海南检疫部门截获。

据单家林2003年调查发现，海南岛野生状态的外来植物共有165种66个群落类型，其中有35个群落具有明显异株克生现象，如水花生、水葫芦、美洲银胶菊、飞机草、含羞草、胜红蓟、马缨丹、美洲蟛蜞菊等。据海南省出入境检验检疫局2005年截获情况通报，2005年海南截获的有害生物641批次，批次与种类与2004年比分别增长了47%和27%，其中一类有害生物有咖啡果小蠹、菜豆象2种3批次；二类有大白蚁、橘小实蝇、松树线虫等5种18批次；三类潜在有害生物有四纹豆象1种17批次。其他检疫性有害生物如三叶草斑潜蝇和一般性有害生物179种

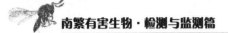

603批次。据其初步统计，目前海南岛已发现160余种外来入侵生物，其中较为严重的有椰心叶甲、美洲斑潜蝇、蔗扁蛾、红棕象甲、橘小实蝇、杧果果实象甲、飞机草、水花生、水葫芦、仙人掌等20多种。

在南繁农作物病虫草害防治实践中，预防性防治和应急性防治是最常见的防治策略。这两种策略均导致大量不必要的化学农药的施用，不仅造成了人力、物力的浪费，而且增加了对生态环境和人、畜健康的不良影响。探索新的病虫害防治途径已成为农业生产上的迫切需求。对于病虫害的防治，最有效的办法就是实现早期预警和"源头"治理，根据准确的预警信息实行病虫草害的精准防控，把其危害消灭在最初的萌芽状态。这需要对农作物病虫草害进行实时监测和预警。

第二节　植物病害监测技术研究进展

一、3S技术

（一）遥感技术（RS）

通过处理和解释接受目标物辐射或反射的电磁波，能够准确而快速地提供被测目标物的相关信息。这种技术还具有监测面积大，获得资料快速、规范，数据能直接输入电脑等优点，已广泛应用于军事、气象、地质、农业等领域。

植物病害的遥感监测始于20世纪30年代早期，将近红外航空图像应用于马铃薯和烟草病毒病的监测。当植物受到病害为害后，叶片会出现颜色改变、结构破坏或外形变化等症状，其反射光谱曲线会发生明显改变。根据平台可将遥感分为近地遥感、航空遥感和卫星遥感。近地遥感主要是通过利用光谱仪在实验室及田间测量农作物叶片及冠层受病害为害后的光谱反射率，它具有操作简单、信息量大、数据易处理分析等优点，是目前植物病害遥感监测中研究最多的。国内外已有关于利用近地遥感监测玉米矮花叶病和小斑病、甜菜褐斑病、白粉病、锈病、稻瘟病、甜菜丛根病等在内的多种植物病害的研究报道。

航空遥感一般以无人机、气球等航空飞行器为平台，与地面高光谱遥感相比，虽然信息量减少，但一次可监测的面积大、数据获取快捷。目前已有其在栗树疫病、马铃薯晚疫病、小麦叶枯病、水稻白叶枯病、柑橘黄龙病、小麦条锈病、月桂枯萎病等病害上的研究报道。随着卫星数量的增多和分辨率的提高，卫星遥感也开始应用于植物病害监测，已有的研究还发现利用遥感技术可将目标病害与其他病虫害和生理性病害区分开来。

（二）地理信息系统（GIS）

一个用于输入、存储、检索、分析和显示空间地理数据的计算机软件平台。将地面调查获取的植物病害的相关信息保存在GIS的数据库中，通过数据处理对同一区域或相邻的区域病害的空间分布和发生程度进行监测。司丽丽等（2006）成功地研制出了基于地理信息系统的全国主要粮食作物病虫害实时监测预警系统，利用该系统能够对小麦、玉米、水稻、马铃薯、高粱和谷子6种主要粮食作物的60余种病虫害进行实时监测和预警，同时GIS也能和病害预测模型结合，实现对病害发生情况的预测。

（三）3S技术一体化

将遥感、地理信息系统和全球定位系统三门学科有机结合，构成的一个集信息获取、处理和应用一体化的技术系统。其监测植物病害的基本流程是：RS提供的图像将作为植物病害监测的数据源，通过软件对RS图像进行分析，得到病害发生区及程度；利用GIS对图像进一步分析，确定病情发生点的精确地理坐标和面积等所需信息；GPS作为定位空间地理位置精确坐标的工具，帮助找到病害不同发生点的准确位置。3S技术使植保研究的病害信息及环境信息的获取、采集、分析利用更加自动化、科学化，提高对农业有害生物的监测预警能力和综合治理水平，是未来监测作物病害的发展趋势。

二、孢子捕捉技术

病原菌孢子随气流进行传播是病害发生和流行的主要原因之一，因此对空气中病原菌孢子种类和数量数据，结合气象数据，分析病害发生情况，构建病害预测模型，可以为病害预测预报提供数据支持。孢子捕捉器利用空气驱动装置使空气被吸入到捕捉仓内，从而将空气中的孢子吸附到黏性捕捉带上。目前应用最多的是定容式孢子捕捉器，能对病原菌数量进行连续监测。由于进气嘴的大小和进气速度都可以确定，因此可以计算出单位时间内每立方米空气中病原菌孢子的数量。

利用孢子捕捉器获得的孢子数或浓度数据，结合气象数据和病情调查数据，就可以分析三者之间的关系，最后建立病害预测模型。

三、分子生物学技术

分子生物学技术已经渗透到几乎所有的生物学领域，成为21世纪应用于农业的两大高新技术之一。近年来，分子生物学技术在植物病原菌监测上也开始得到应用。病害一般在发生初期或越冬越夏阶段往往处于潜伏状态，而此阶段病害菌源量的准确估计对病害流行预测预报十分重要，它是预测病害发展趋势的重要参数。但使用常规方法调查病害时，用肉眼无法观测到处于潜育状态的植物病害，而叶片培养法费工费时，且受环境干扰大，结果误差也比较大。快速发展的分子生物学方法和技术为此提供了强有力的工具，它可解决一些用传统植病流行学方法无法或很难解决的问题。

在对空气中病原菌进行取样监测时（如用孢子捕捉器），常规的病菌孢子种类鉴定和计数方法是在显微镜下根据孢子的形态特征来判断，该方法需要的时间长、工作量大，且有些病原菌孢子的形态特征相似容易产生误判。分子生物学技术在对空气中病原菌的检测上也得到了应用。由于常规的生理小种鉴定及监测均基于鉴别寄主，分析方法繁杂、费工费时，其结果易受鉴定条件、人员等外部条件的影响。利用分子生物学技术特别是分子标记可以较好地解决这一问题。

四、轨迹分析技术

远距离传播的气传性病原菌（如小麦条锈病菌和秆锈病菌、大豆锈病菌等）来说，研究病原菌随气流的传播路线、距离和菌源区和着落区之间菌量的关系及发生时间，将为病害监测预警提供新的方法。植物病原菌随气流的远距离传播是一个被动的过程，需要病原菌传播体（孢子）被气流抬送到一定的高度，才能在高空随大气环流进行远距离传播，因此气流是植物病原菌远距离传播的主要动力。相关气流运动的物理模型已成为研究病原菌远距离传播的有力工具，轨迹分析是气流运动的物理模型中最常见的一种方法。

五、海南病害监测研究

随着3S技术、电子传感技术（电子鼻、电子舌等）、分子生物学技术等相关学科的快速发展，大大促进了病害监测预警技术的发展，一些技术如3S技术已普遍应用于病害调查和研究中，遥感技术也已显现它广阔的应用前景。尽管国内的一些研究单位或实验室已在这方面做了一些探索性的工作，但总体来说目前我国对重要植物病害的监测和预警还比较薄弱。

农业有害生物监测预警是植保工作的基础，肩负着为政府决策提供依据和为有害生物防控工作提供情报信息指导的重任，历来受到各级领导和植保管理工作者的高度重视。特别是改革开放40多年来，我国有害生物监测预警工作蓬勃发展，取得了令人瞩目的成就，为各级农业领导部门指挥重大病虫防治、减轻生物灾害发挥了重要的参谋作用，为保障国家粮食安全和主要农产品有效供给作出了重要贡献。

对国内外已有发生但海南暂未发生的有害生物种类在南繁基地开展定点监测，对重要的有害生物根据相应技术规程进行发生程度监测；研发简便、高效的监测技术，研制监测产品，制定监测技术规范；动态监测南繁作物重要入侵生物的入侵扩散与种群，研究其扩散途径和影响其扩散的因素，评估其种群数量并明确年度动态变化情况及趋势，获得有害生物发生情况基础数据。

如对柑橘黄龙病的监测显示，柑橘黄龙病也已在海南大面积暴发流行，海南的柑橘产业深受柑橘黄龙病的危害，明确了在海南引起柑橘黄龙病的是柑橘黄龙病菌亚洲种，尚未发现柑橘黄龙病菌非洲种和美洲种，这对海南柑橘黄龙病的防治具有重要的理论意义。海南省琼中县在2006年有琼中绿橙约3 000hm²，近1 000农户种植。由于黄龙病的为害，到2014年底，琼中绿橙仅剩约1 200hm²。经过这几年对黄龙病的防控和复种，2019年底琼中绿橙种植面积恢复到约1 700hm²。琼中绿橙产业并未因黄龙病而消失，而是在发展。应落实好以"三板斧"为主的柑橘黄龙病综合防控技术，促进海南柑橘产业持续健康发展。

植物病害监测预警对病害防治和管理具有重要的意义，近年来3S技术、孢子捕捉技术、轨迹分析技术、分子生物学技术等在植物病害监测预警研究中的应用越来越成熟，极大地促进了植物病害监测预警技术的研究发展。

第三节 植物虫害监测技术研究进展

病害监测的几种技术除孢子捕捉技术外，其他技术均在植物虫害监测方面使用，此节不作赘述。

一、昆虫雷达监测技术

昆虫雷达可以远距离、大范围、快速地探测迁飞昆虫，这极大促进地了人类对昆虫迁飞行为的认识。垂直监测昆虫雷达技术是从20世纪70年代发展起来的一种监测高空迁飞昆虫种群的新工具。与传统的扫描雷达相比，垂直监测昆虫雷达可以获得目标的位移速度、位移方向、定向、体型大小和形状等参数，因此，对目标的识别能力更为精确。此外，垂直监测昆虫雷达实现了在微机控制下的自动运行，这使得应用昆虫雷达开展迁飞昆虫的日常监测成为可能。

垂直监测昆虫雷达的发展始于20世纪70年代初。Atlas等（1970）报道了利用垂直气象雷达对类似昆虫目标的观测结果，并根据信号的变化规律，解算了这些目标的水平迁移速度。受此启发，英国的Riley博士等开始设计用于监测昆虫的垂直雷达，并于1975年将第一台第一代垂直监测昆虫雷达，安放在非洲马里监测蝗虫的迁飞。1985年，英国洛桑试验站成功引入章动技术，研制出第二代垂直监测昆虫雷达样机，并分别于1985年和1986年在印度、1990年在澳大利亚进行了样机性能测试。

中国研制垂直监测昆虫雷达的工作起步较晚。1996年，南京农业大学与全国农业技术推广服务中心合建了多普勒垂直谐波雷达；2004年，中国农业科学院植物保护研究所与成都锦江电子有限公司合作研制了中国第一台厘米波（3.2cm）垂直监测昆虫雷达；2008年，北京市农林科学院也建立了一台参数相同的垂直监测昆虫雷达。近年来，河南省农业科学院正在按照国际标准研制第二代垂直监测昆虫雷达。

二、雷达监测的局限性

与传统的扫描昆虫雷达相比，垂直监测昆虫雷达在目标识别能力、自动化运行等方面有很大提高，但仍存在一定的局限性。

首先，是取样空间太小（波束直径30m），垂直监测昆虫雷达只能提供某一地点的数据，而且只能检测飞越其正上方的个体。尽管早期的扫描昆虫雷达监测已经明确，迁飞个体在空中的分布除了起飞阶段外，大部分时间内都呈均匀分布，这在一定程度上会减小取样空间较小带来的不利影响，但是当其空间分布不均匀时，会造成严重误差。

其次，由于发射与接收之间存在时间延迟，造成了雷达上方150m或200m的探测盲区，因此，导致垂直监测昆虫雷达无法获得这一空间内昆虫的活动情况。

目前的垂直监测昆虫雷达是厘米波段，对类似蚜虫大小的昆虫还无法识别。毫米波昆虫雷达可以观察类似蚜虫大小的昆虫，但是毫米波雷达部件价格昂贵，许多部件需要定制，加之昆虫学研究获得的经费有限，这些都限制了毫米波垂直监测昆虫雷达研究的开展。

当昆虫密度比较高时，个体之间的回波信号会产生干扰，这会导致分析程序失灵，得不到与目标有关的参数信息。如果碰巧此时发生了比较重要的迁飞行为，那么就会错失收集这些重要信息的机会。尽管垂直监测昆虫雷达的识别能力有了全面提高，但是探测到的目标昆虫仍不能准确地鉴定到物种水平。仍然需要综合网捕、地面灯诱等辅助手段，进行综合识别鉴定。

垂直监测昆虫雷达技术基于成熟的海事雷达技术和个人电脑，与传统的扫描昆虫雷达相比，垂直雷达结构简单，造价低廉，数据采集量小，基本实现了设备运转和信号采集、存储和处理分析的自动化运行，而且垂直监测昆虫雷达对目标的识别能力有了大幅度提高。未来，结合空中网捕技术和生物气象学资料，垂直监测昆虫雷达系统有望在重大害虫大范围监测方面发挥其巨大的潜能，有助于害虫管理与预警系统的建立。

三、海南害虫监测研究

近年来，海南省农业有害生物监测预警体系建设不断发展，基础性工作条件得到了较大改善，基本能满足农作物病虫害调查监测工作的需要。

海南地处热带，是天然的温室，四季如春。农业是海南的支柱产业之一，农民的收入来源主要来自种植业。全省冬季瓜菜种植面积近13.3万hm^2，水果种植面积约17.3万hm^2。其中，香蕉种植面积约4万hm^2。海南是我国农作物病虫草鼠害发生严重省份之一。海南西南部蝗区，干旱少雨，食料丰富，气温高，飞蝗繁殖快，因此东亚飞蝗发生密度高。1987年、1988年及1991年，东亚飞蝗大发生时，虫口密度最高超过2 500头/m^2，大片的水稻、甘蔗被吃光，损失惨不忍睹。针对蝗灾的发生，各级政府高度重视，调动飞机及广大群众开展防治，有效控制了飞蝗的为害。各级政府历来重视海南的农业有害生物监测预警工作，在国家的大力支持下，海南已建设了东亚飞蝗地面应急站、农作物病虫区域测报站及有害生物监测预警与控制区域站10余个，农业有害生物监测预警网络基本形成。

对海口有害生物监测显示，发现海口市主要有害生物26种，记录了其种类、分布范围及为害程度。2002年以来，椰心叶甲、薇甘菊、红棕象甲、红火蚁、椰子织蛾、桉树枝瘿姬小蜂等外来入境有害生物为害在海口市相继发生，并对海口市造成严重的生态与经济损失。2002年椰心叶甲在海口市被首次发现，之后迅速向外扩散蔓延，现已广泛分布于海口市各乡镇，发生为害面积达3 333.33hm^2，成为海口市为害严重的有害生物。薇甘菊作为入侵有害生物，自2003年入侵海口以来，现已扩散至海南省多个县（市），海口市各乡镇均有分布，发生面积146.67hm^2，鉴于其高度危险性，应加强对薇甘菊的防控措施。

2002年6月，椰心叶甲虫首次在海南岛被发现，后来以惊人的速度蔓延，至

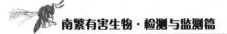

2006年4月海南省已有17个县（市）发生椰心叶甲虫疫情，染虫区面积44.33万hm²、累计染虫株数为302万株，有关部门为治理椰心叶甲虫害已经花费了几千万元，但椰心叶甲疫情仍然不断扩散蔓延，对海南省的自然景观、生态环境、农业经济和旅游业造成了严重影响。据有关部门不完全统计，椰心叶甲虫给海南省每年造成的经济损失要超过1.5亿元，其中棕榈科绿化苗木损失0.7亿元、椰子产量减少损失0.2亿元、椰子产品深加工损失0.5亿元、防治损失0.1亿元。美洲斑潜蝇最早于1993年在海南发现，到1998年已在全国21个省（区、市）发生，面积达1 333万hm²以上，可为害22个科的110种植物，尤其对蔬菜瓜果类为害严重。目前在我国，每年防治美洲斑潜蝇的成本高达4亿元。

草地贪夜蛾是世界重要农业害虫，原产于美洲地区。2018年底入侵我国，2019年4月30日，草地贪夜蛾在海口首次发现，目前该虫已在海南省18个县（市）定殖。海南省高度关注草地贪夜蛾并积极采取了防控措施，该虫种群数量得到了控制，然而仍然存在一些监测和防治的死角。海南防控不好，草地贪夜蛾会迁飞到我国长江中下游、黄淮海，甚至东北地区造成危害，可为害苗期、穗期、成熟期等各个阶段的玉米，对我国种业安全和粮食安全造成严重威胁，所以对虫害的监测乃是重中之重，千万不可轻视。

第四节　植物草害监测技术研究进展

一、实地考察

相较于虫害和病害，对于草害的监测比较困难，早期只有通过实地调查、监测和文献调研，建立风险分析评价体系，采用多指标综合评分法，对其入侵风险进行评估以及对外来入侵杂草的种类组成、分布、生活型、原产地、入侵途径以及危害程度进行分析。随着旅游和边贸的发展，外来生物的预警监测及防治工作面临更大的考验。尤其是茎的繁殖能力强较难根除的杂草，生产中，由于土壤中残留少量根茎不断扩大种群，成为难于清除的杂草。

二、RS技术

RS技术是20世纪60年代蓬勃发展起来的一门新兴的、综合性的探测技术，随着空间技术、信息技术、电子计算机技术和环境科学的发展，从而逐步发展为一门新兴交叉科学技术。随着遥感技术的发展，遥感在农作物估产、作物生长状态监测、土地调查、农作物生态环境监测与自然灾害及病虫害监测等方面也越来越广泛。

相对于欧洲和美国等发达国家，中国在农业科技上的成果和经验与美国和欧洲相比起步较晚，中国的遥感技术符合中国农业的特色，成本较低、实用性强、效果明显。但与欧洲和美国相比，仍然有许多缺点，如监视监测品种少、技术缺乏标准化、运行范围相对小等。遥感技术从测试开发到实用阶段，经过了长期的发展历程，现已经迎来了一个蓬勃发展的新阶段。20世纪90年代中期，中国利用遥感技术对冬小麦的产量进行了动态监测，以及利用植被指数勘探研究作物的生长模型，这一阶段的遥感技术基本上都是对农作物种植面积进行估产模型提取。经过不断的发展和应用，遥感技术已经广泛地应用在环境资源、防灾监测等不同的领域。

三、南繁区草害监测研究

南繁作物草害检疫设置3个主要管理方向，一是南繁作物草害检测。利用直接检测、过筛检测、比重检测等方法，根据杂草种子与作物种子大小，选取适当规格孔径的多层筛；利用作物种子与杂草种子的比重或重量差异，通过风吹、浸泡溶液的方法分离作物种子与杂草种子；根据杂草种子的颜色、大小、形状等特点，以肉眼或放大镜、显微镜观察检视杂草种类，制定和完善检疫性杂草种子直接鉴定与检视技术，为南繁作物草害检疫鉴定评价提供技术支撑。二是南繁作物草害标本与信息库建设。构建检疫性杂草种子标本低温保存库，收集检疫性杂草标本，建立杂草标本展示平台。通过网室或隔离室进行种子培养，将截获的杂草种子或者含有种子的下脚料等种植于隔离的环境中，待种子长成植株后，观察植物的根、茎、叶、花、果实等形态特征，查阅相关资料识别鉴定研究植株表型，开展DNA条形码信息库建设工作，充分利用分子生物学鉴定技术，为南繁作物草害检疫提供更高精度与更快速的鉴定评价技术支撑。三是建立长期南繁作物草害监测与防治机制。在南繁作物田间调查取样，与种子标本进行对照，提高工作人员的野外识别能力，并定期对南繁作物工作人员进行杂草检疫相关知识的培训与宣传，提高对杂草检疫的社会关注度和敏感度。对已经造成为害的检疫性草害如假高粱、薇甘菊、假臭草、飞机草等进行化学防治、物理防治、生物防治等综合灭除技术研究，尽量将其控制在南繁作物田之外，为南繁作物构筑广阔的绿色屏障。

近年来，计算机技术、信息技术、互联网、遥感等技术得到了快速的发展，这些技术成为解决人们生产生活中所遇到的各种问题的关键，起到了非常重要的作用和较明显的效果。"精准农业"依靠现代科技，以3S技术、变量作业技术和自动控制系统为核心技术，合理地进行定位、定时、定量播种、施肥、灌溉、施药、除草等耕作措施，改变在传统农业生产过程中所造成的浪费和环境污染等问题，最终实现农业的可持续发展。我国的主要粮食作物有水稻、玉米、小麦等，由于目前农作物种植大部分是粗放式的生产模式，农民对农作物的各项信息、杂草的发展等数据掌握非常少，难以从中总结出规律，从而不能够准确地掌握对杂草灾害防治的关键时机和治疗方法。同时又缺乏有力的指导，这些问题日益严重，制约了农作物生产的发展，这也是我国农业科技工作者需要研究的方向和重点。

海南地处热带地区，是我国生物多样性热点地区之一，同时也是外来入侵有害生物和其他有害生物为害多发地，1998—2017年海南省记录我国新增外来入侵物种13种，数量仅次于广东省。随着我国"一带一路"倡议的实施及海南岛自由贸易港建设，我国与其他国家的农林产品贸易将进一步扩大，外来有害生物传入我国概率将进一步提高。海口市作为海南省经济贸易中心和最大的交通枢纽，将面临外来入侵有害生物的严峻考验，应进一步加强对外来有害生物的监测与防控，加大南繁基地植物检疫的执法力度，严格处罚违反《植物检疫条例》的单位及个人，加强各省植检部门与南繁基地植检部门之间的植检联防协作制度。

参考文献

曹学仁，周益林，2016. 植物病害监测预警新技术研究进展[J]. 植物保护，42（3）：1-7.

刘万才，姜玉英，张跃进，等，2009. 推进农业有害生物监测预警事业发展的思考[J]. 中国植保导刊，29（8）：28-31.

卢辉，唐继洪，吕宝乾，等，2019. 草地贪夜蛾的生物防治及潜在入侵风险[J]. 热带作物学报，40（6）：1237-1244.

梅安新，彭望琭，秦其明，等，2001. 遥感导论[M]. 北京：高等教育出版社.

张智，张云慧，姜玉英，等，2012. 垂直监测昆虫雷达研究进展[J]. 昆虫学报，55（7）：849-859.

第四章　草地贪夜蛾监测

草地贪夜蛾（*Spodoptera frugiperda*）也称秋黏虫，属鳞翅目夜蛾科灰翅夜蛾属，起源于美洲地区，草地贪夜蛾繁殖能力强，一年进行繁殖数代，且扩散能力强，有远距离迁飞的习性，具有暴发为害的特点，主要为害玉米等粮食作物。草地贪夜蛾2016年入侵非洲，2017年被世界粮农组织列入世界十大植物害虫的"黑名单"，2019年1月，在全球大约100个国家已经发现草地贪夜蛾为害情况。2019年1月在中国云南省发现秋黏虫的入侵为害，在2019年7月5日，已经在我国22个省（区）发现草地贪夜蛾的入侵。草地贪夜蛾极有可能成为危害我国农业的重大害虫，并有可能在我国危害农业很长一段时间。在草地贪夜蛾入侵后，我国农民大量地使用化学农药进行防治，这极易造成环境的污染和农药残留，给农作物的安全造成了很大的影响。

海南地处热带，属于热带季风气候，是适宜草地贪夜蛾终年繁殖的地区，2019年4月30日，在海南省部分地区发现草地贪夜蛾的为害，并向全省扩散，为害日益加剧。因此，海南省对草地贪夜蛾的监测工作与防控研究十分迫切。本章调查了草地贪夜蛾的为害特点，田间分布及扩散特点，成虫诱捕及防治措施等，为确认与掌握海南省草地贪夜蛾的发生为害情况和发生动态，以更好地开展监测和防治提供参考。

第一节　监测技术

一、预测预报

农业有害生物预测预警是植保工作的基础，如果没有及时准确的预测预警，重大病、虫、草、鼠害的暴发流行将难以有效控制，严重威胁农业生产安全，将会给农民造成巨大的经济损失。草地贪夜蛾可以在30h内迁飞距离达160km，因此，对草地贪夜蛾的监测工作不可松懈。美国等国家对草地贪夜蛾的监测预警技术研究非常系统，可为我国加强对草地贪夜蛾入侵的监测提供借鉴。目前，草地贪夜蛾监测预警技术主要包括雷达监测、性诱剂监测、灯光监测以及分子标记等。草地贪夜蛾的预测预报要在估计本地虫源的同时预测异地草地贪夜蛾对本地的迁入量，根据本地的虫口基数、温湿度、作物长势和迁出区的虫量、气象资料，将本地发生情况与外来虫口密度结合起来，做出准确、及时的预测预报，以指导防治。利用昆虫雷达监测草地贪夜蛾种群，利用X波雷达估算草地贪夜蛾的种群分布。国内，基于WRF模式的三维轨迹分析了秋黏虫缅甸虫源迁入中国的路径，基于文献计量学科学客观地研究了草地贪夜蛾的种群动态，利用MaxEnt生态位模型对草地贪夜蛾在我国的适生区进行分析，这些研究为农业相关部门对草地贪夜蛾的预测预警提供了理论上的依据。

二、灯光监测

大多数迁飞昆虫都是在夜间迁飞的，且一般在日落前后开始起飞。根据迁飞昆虫的这一习性，可利用高空探照灯对过境昆虫进行光诱捕获，以指示当日的空中迁飞种群动态。封洪强等（2003）通过在渤海海峡中间的长岛县设置探照灯研究跨海远距离迁飞的昆虫种群动态。张云慧等（2009）在北京地区利用大量的探照灯建立阻隔带以诱杀草地螟迁飞种群。之后的研究将探照灯进行改进，使之能自动分时段诱集昆虫，这不仅可以了解昆虫的上灯节律，还能掌握更精准的昆虫上灯时间，为精确的轨迹分析提供参数。

随着高空测报灯逐渐展现出的效果，目前，全国各省（市）站点已使用高空测报灯监测草地贪夜蛾，这对我国掌握空中草地贪夜蛾种群动态发生规律有重要意义，高空测报灯平均单灯诱集虫量是普通测报灯的16倍。在美国，人们利用放有福尔马林或石油的船型诱捕器和桶型诱捕器诱杀草地贪夜蛾，效果良好。根据草地贪夜蛾可能在长江以南地区周年繁殖的特点，建议灯光诱捕常年开灯以进行防治。高空测报灯诱虫效果与监测性能远远大于普通测报灯，可作为监测工具与防控手段大面积使用。

三、性诱剂监测

因为昆虫性信息素具有时效长、专一性强和不伤害其他昆虫的特点，所以相较于其他害虫预测预警方法，此方法更为生态，性信息素也被称为21世纪的无公害农药。早在20世纪，科学家已经鉴定出草地贪夜蛾性信息素的许多成分，其中包括醇乙酸酯类、烯醛类、烷醛类等，为性诱剂防治草地贪夜蛾开辟更多的选择。

Mitchell等1989年就对草地贪夜蛾诱捕器做了研究，发现3种颜色组成的诱捕器诱捕效果强于单色诱捕器，表明草地贪夜蛾对颜色有一定的识别性；Malo等2018年研究了捕集器大小、颜色对草地贪夜蛾监测效果，发现自制水壶诱捕器诱捕效果好于商业诱捕器和水瓶诱捕器，黄色诱捕器捕获草地贪夜蛾数量显著高于蓝色和黑色诱捕器。在化学生态学研究方面，印度开展了草地贪夜蛾雄性成虫对信息素的电生理响应研究，Esteban等（2016）鉴定了草地贪夜蛾雌蛾释放（Z）-9-十四烯基乙酸酯、（Z）-7-十二烯基乙酸酯和（Z）-11-十六烯基乙酸酯3种化合物，其中前两种化合物可引起最高和最可变的触角反应，然而，田间用不同成分比率进行试验时，雄蛾不会被信息素混合物所吸引。

诱捕性能较好的性诱捕器在作物生长前中期监测效果优于普通测报灯和高空测报灯，而且诱虫专一性好、易识别、简便易行。但在作物生长后期高空测报灯和普通测报灯监测性能好，诱虫量远远大于性诱捕器，可作为草地贪夜蛾绿色综合防控手段灯光诱杀技术大面积应用。灯诱作为草地贪夜蛾测报工具来说，其诱集不同害虫种类多，虫量大，不易识别虫体，分辨准确率差，工作量繁重，可建议作为监测辅佐手段使用，并结合性诱监测和田间调查，提高草地贪夜蛾监测防控水平，有效控制其暴发为害。

第二节 防控技术

一、化学防治

在草地贪夜蛾原发生区，化学农药仍是防治草地贪夜蛾的重要措施。化学农药有效果明显、见效时间快、施用方便等优点，在草地贪夜蛾等重大农业害虫的防治中起着必不可少的作用。比如虱螨脲、印楝素、溴氰菊酯在一定浓度下可以影响草地贪夜蛾的胚胎发育，水胺硫磷具有破坏草地贪夜蛾体内的细胞线粒体和核膜的作用。当前防治草地贪夜蛾幼虫可采用氯虫苯甲酰胺、辛硫磷、甲维盐和多杀菌素作为成分的杀虫剂和组合杀虫剂。一定剂量的氯化汞将会引起草地贪夜蛾Sf9细胞及梭型多角体病毒的损伤与致突变。骆驼蓬总碱可以毒杀草地贪夜蛾卵巢细胞，可以明显抑制秋黏虫血细胞数量。高效氯氰菊酯对草地贪夜蛾Sf9细胞具有显著的细胞毒性，并且其对细胞活力的抑制作用与自噬诱导途径相关。王勇庆等（2019）使用氯虫苯甲酰胺在室内条件下试验发现，氯虫苯甲酰胺对草地贪夜蛾3~4龄幼虫毒力最强。但国外报道称秋黏虫种群已经对氯虫苯甲酰胺产生了抗性。由于草地贪夜蛾的活动范围在全球肆意扩张，人们长期单一和不合理使用农药，导致草地贪夜蛾对农药的适应性增强而出现抗药性。Giraudo等（2015）认为秋黏虫体内的一些基因可以代谢农药成分等有害物质。

在中国，转基因玉米的商品化种植并没有被批准，在国外转基因玉米在一定年限内可以减少受到草地贪夜蛾的为害。但近年来草地贪夜蛾抗Bt抗虫基因作物的新闻不绝于耳，Chandrasena等（2017）报道阿根廷已经出现了草地贪夜蛾的Cry1F抗性问题。化学防治失败的重要原因是害虫抗药性的产生，因此抗药性的治理在化学防治中显得尤为重要。在国际上，环境友好型的植物源农药被用于防治秋黏虫，例如苦参碱、印楝油等，研究人员发现苦参碱可以使秋黏虫致死。筛选高效苏云金杆菌可为防治草地贪夜蛾的新产品开发，为秋黏虫的绿色防控、化学农药合理施用提供重要依据。

二、生物防治

相对于草地贪夜蛾的化学防治，草地贪夜蛾的生物防治效果不甚明显，但在国家质量兴农、绿色兴农的目标上，坚持化肥、农药的"两减两提"，生物防治表现出对生态环境友好，在治理上具有可持续发展性。草地贪夜蛾的生物防治主要有以虫治虫、以菌治虫、利用其他有益动物防治害虫。在国内，可以利用捕食性蝽对草地贪夜蛾进行防治。唐艺婷等（2020）研究蠋蝽［*Arma chinensis*（Fallou）］5龄若虫对草地贪夜蛾6龄幼虫的理论日最大捕食量为3.175头。蠋蝽雌雄成虫都对4龄幼虫的瞬时攻击率最高，结合田间观察总结了益蝽对草地贪夜蛾幼虫的搜寻效应随着草地贪夜蛾幼虫密度的增加而降低，发现益蝽捕食数量随着草地贪夜蛾密度的增加而增加，呈现一种减速增长。田间自然状态下东亚小花蝽［*Orius sauteri*（Poppius）］对草地贪夜蛾幼虫的控制率为34.62%，东亚小花蝽对草地贪夜蛾初孵幼虫具有较好的控制效果。目前利用瓢虫和大草蛉等对草地贪夜蛾进行控害已有相关研究报道，如大草蛉对草地贪夜蛾捕食功能的研究，发现异色瓢虫成虫对草地贪夜蛾2龄幼虫的寻找效应随瓢虫密度的增加而下降；猎物密度相同的情况下，异色瓢虫搜寻效应均高于多异瓢虫。昆虫病原线虫具有防治草地贪夜蛾的应用潜力，草地贪夜蛾是昆虫病原线虫的天然寄主，全球各地均有开展应用昆虫病原线虫防治草地贪夜蛾的研究。

三、农业防治

仓晓燕等（2019）采用作物种植间作套种的方法，保护寄生性和捕食性天敌，形成生态阻隔，发挥生物多样性的优势。Midega等（2015）在非洲用"玉米和豆科作物间作，田边种植有益杂草"的模式，比传统玉米单作产量提高2.7倍。另外，选用新的抗虫品种作物，加强作物生长势，合理施用水肥，人为让作物生长期与害虫暴发期错开，及时清理田间杂草等农业措施可以减轻作物受到草地贪夜蛾的为害。

第三节　症状识别

田间调查发现草地贪夜蛾喜欢在玉米的苗期、喇叭口期的叶片背面产卵，卵块上覆盖一层绒毛，透过叶片可以观察到黑色阴影，一块卵块可以孵化500～2 000只幼虫。幼虫孵化后先取食该株玉米后扩散到邻近玉米株上继续取食。

低龄幼虫（1～2龄）由心叶开始往内往下咬食，取食后叶片呈现半透明状并伴随少量棕色粪便，中龄幼虫（3～4龄）随着食量增加开始咬食玉米叶鞘和叶片并伴随不规则孔洞和大量粪便，高龄幼虫（4～5龄）取食玉米的叶片、心叶、茎秆和花穗，会把心叶咬断，常见的是在玉米心叶中把心叶咬食完后产生大量粪便，并结合玉米残留物构成一个窝，然后在其中化蛹，并经历一段时间后化蛹成蛾。

草地贪夜蛾的成虫在白天常常歇息在玉米叶片的阴暗处。田间调查发现草地贪夜蛾不同龄期幼虫混合取食，并且伴有自相残杀现象，低龄幼虫在单株上常有5～10头共同取食，中龄幼虫在单株上有2～6头，高龄幼虫一般是一株一头，偶尔一株会出现两头共同取食的现象。在一株上只发现一个蛹，一只成虫，且世代重叠现象严重。草地贪夜蛾幼虫喜欢咬食生长周期短的玉米的叶片，在玉米生长到抽穗期后秋黏虫的为害明显减轻。

<h1 style="text-align:center">第四节　田间调查数据</h1>

一、乐东县调查数据

　　乐东县南繁区调查点发现草地贪夜蛾低龄幼虫常多头取食，九所镇抱荀村调查点草地贪夜蛾发生情况，2019年12月田间调查0头，2020年2月苗期、喇叭口期和花粒期百株虫量均为10头（图4-1）；利国镇乐三村调查点草地贪夜蛾发生情况，2019年12月田间调查苗期、喇叭口期和花粒期百株虫量分别为16头、7头、7头，2020年2月苗期、喇叭口期和花粒期百株虫量分别为15头、15头、0头（图4-2）；利国镇官村调查点草地贪夜蛾发生情况，2019年12月田间调查苗期、喇叭口期和花粒期百株虫量分别为10头、22头、12头，2020年2月苗期、喇叭口期和花粒期百株虫量分别为80头、40头、0头（图4-3），部分调查数据为表4-1至表4-5。

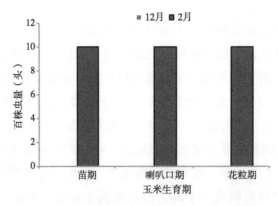

图4-1　九所镇抱荀村调查点草地贪夜蛾发生情况

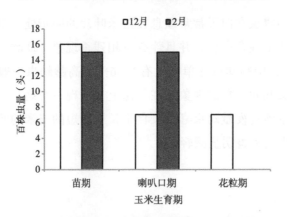

图4-2　利国镇乐三村调查点草地贪夜蛾发生情况

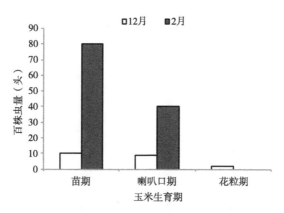

图4-3　利国镇官村调查点草地贪夜蛾发生情况

表4-1　草地贪夜蛾为害情况记载（2020，东方市）

日期	作物种类	生育期	调查株数	被害株数	被害部位	死苗株数	被害株率（%）	死苗株率（%）	雌穗被害率（%）
5/8	玉米	开花期	30	10	叶片	0	33.30	0	13.30
5/8	玉米	结果期	30	8	叶秆	0	26.60	0	0

表4-2　草地贪夜蛾为害情况记载（2020，乐东县）

日期	作物种类	生育期	调查株数	被害株数	被害部位	死苗株数	被害株率（%）	死苗株率（%）	雌穗被害率（%）
5/8	玉米	开花期	30	7	叶芯	0	23.30	0	6.60
5/8	玉米	开花期	30	9	叶芯	0	30	0	10
5/8	玉米	结果期	30	4	叶秆	0	13.30	0	3.30

表4-3　草地贪夜蛾为害情况记载（2020，三亚市）

日期	作物种类	生育期	调查株数	被害株数	被害部位	死苗株数	被害株率（%）	死苗株率（%）	雌穗被害率（%）
5/8	玉米	小喇叭口期	48	37	叶芯	0	77	0	0
5/8	玉米	开花期	30	6	叶片	0	20	0	6.60

表4-4　草地贪夜蛾为害情况记载（2020，陵水县）

日期	作物种类	生育期	调查株数	被害株数	被害部位	死苗株数	被害株率（%）	死苗株率（%）	雌穗被害率（%）
5/8	玉米	小喇叭口期	30	17	叶芯	0	56.60	0	0
5/8	玉米	拔节期	30	7	叶芯	0	23.30	0	0

表4-5 草地贪夜蛾幼虫和天敌情况记载（2020，东方市）

日期	生育期	调查株数	各龄幼虫数（头）						百株虫量（头）	受害率（％）	备注
			1~2龄	3龄	4龄	5龄	6龄	合计			
3/23	大喇叭口期	100	4	6	1	0	0	11	11	12	幼虫寄生蜂
3/24	花粒期	100	6	5	0	0	0	11	11	11	幼虫寄生蜂
3/25	花粒期	100	11	7	1	0	0	19	19	11	幼虫寄生蜂
3/26	花粒期	100	7	4	1	0	0	12	12	8	幼虫寄生蜂
3/27	花粒期	100	6	6	2	0	0	14	14	9	幼虫寄生蜂
3/28	花粒期	100	1	4	2	0	0	7	7	6	幼虫寄生蜂
3/29	花粒期	100	7	3	1	0	0	11	11	8	幼虫寄生蜂
3/30	花粒期	100	6	2	1	0	0	9	9	6	幼虫寄生蜂
3/31	花粒期	100	5	2	1	1	0	9	9	7	幼虫寄生蜂
4/1	花粒期	100	4	5	1	0	0	10	10	5	幼虫寄生蜂
4/2	花粒期	100	7	1	1	0	0	9	9	6	幼虫寄生蜂
4/3	花粒期	100	5	2	0	0	0	7	7	4	幼虫寄生蜂
4/4	花粒期	100	3	3	0	1	0	7	7	4	幼虫寄生蜂
4/5	花粒期	100	2	1	1	0	0	4	4	4	幼虫寄生蜂
4/6	花粒期	100	0	1	0	0	0	1	1	3	幼虫寄生蜂
4/7	花粒期	100	2	0	0	0	0	2	2	4	幼虫寄生蜂
4/8	花粒期	100	0	1	0	0	0	1	1	3	幼虫寄生蜂
4/9	花粒期	100	0	2	0	0	0	2	2	3	幼虫寄生蜂
4/10	花粒期	100	0	1	0	0	0	1	1	4	幼虫寄生蜂
4/11	花粒期	10	0	0	0	0	0	0	0	3	幼虫寄生蜂
4/11	花粒期	10	1	0	0	0	0	0	0	3	幼虫寄生蜂
4/12	花粒期	10	0	1	0	0	0	0	0	4	幼虫寄生蜂
4/13	花粒期	10	0	0	0	0	0	0	0	3	幼虫寄生蜂
4/14	花粒期	10	0	0	1	0	0	0	0	3	幼虫寄生蜂
4/15	花粒期	10	0	0	0	0	0	0	0	3	幼虫寄生蜂
4/16	花粒期	10	0	1	0	0	0	0	0	3	幼虫寄生蜂
4/17	花粒期	10	0	0	1	0	0	0	0	3	幼虫寄生蜂
4/18	花粒期	10	0	0	0	0	0	0	0	3	幼虫寄生蜂

二、三亚市调查数据

三亚市南繁区调查点发现草地贪夜蛾整体发生密度较低。崖州区南滨农场调查点草地贪夜蛾发生情况，2019年12月田间调查苗期、喇叭口期和花粒期百株虫量分别为4头、6头、2头，2020年2月苗期、喇叭口期和花粒期百株虫量分别为0头、15头、0头（图4-4）；崖城镇梅西村调查点草地贪夜蛾发生情况，2019年12月田间调查苗期、喇叭口期和花粒期百株虫量分别为0头、8头、0头，2020年2月苗期、喇叭口期和花粒期百株虫量分别为0头、40头、0头（图4-5）。

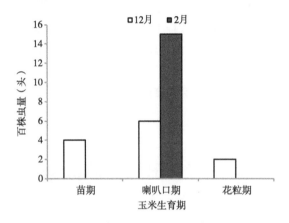

图4-4　崖州区南滨农场调查点草地贪夜蛾发生情况

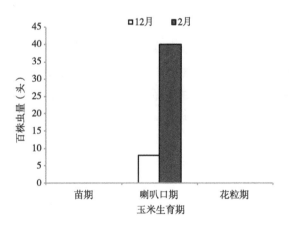

图4-5　崖城镇梅西村调查点草地贪夜蛾发生情况

三、陵水县调查数据

陵水县安马洋调查点发现草地贪夜蛾整体发生密度较低。田间调查发现陵水草地贪夜蛾低龄幼虫和高龄幼虫混合发生，2019年12月20日田间调查苗期、喇叭口期和花粒期百株虫量分别为8头、6头、3头，2020年3月17日成熟期百株虫量20头（图4-6）。

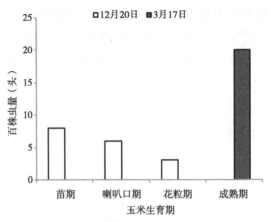

图4-6 安马洋调查点草地贪夜蛾发生情况

第五节 田间监测数据

一、监测点情况

南繁区共调查25个点，包括乐东县九所镇（山脚村、十所村和抱荀村）和利国镇（荷口村、官村和红五村）共15个点，三亚市天涯镇（梅村和白鸡村）、崖城镇（拱北村和梅西村）和吉阳镇（抱坡村和月河社区）共7个点，陵水县椰林镇（米甬村和武山村）和椰林镇坡留村3个点，绝大多数调查点有草地贪夜蛾在玉米上取食为害。

非南繁区共调查20个点，包括东方市大田镇（小岭村和短草村）、三甲镇（红草村和岭村）、感城镇民兴村和板桥镇后壁村共11个点，儋州市中国热带农业科学院试验场（汪港队、七队和六队）和王五镇山营村共5个点，海口市石山镇（安仁村和建新村）4个点，调查点均有草地贪夜蛾在玉米上取食为害。

二、性诱剂监测和高空灯监测

在南繁区乐东、三亚、儋州、东方和陵水设立固定监测点，通过高空灯和性引诱剂对草地贪夜蛾进行田间监测。性信息素具有高度的专一性，不仅可以对靶标害虫的发生期与发生量进行预测预报，有助于指导用药、提高农药使用效率，还能引诱并杀灭靶标雄虫，显著降低靶标害虫的种群数量，减少作物经济损失。12月在海南省乐东县、三亚市和陵水县进行草地贪夜蛾性诱剂监测得知，3地均诱集到一定数量的草地贪夜蛾，乐东点的数量最多，三亚最少（表4-6）。利用高空灯对儋州市草地贪夜蛾监测数据显示，1月初、2月初和2月末均有一个诱虫峰值（图4-7）。

表4-6 南繁区3地不同性诱剂草地贪夜蛾诱捕情况

地点	诱芯种类	诱集时间	数量
三亚市中国科学院基地	英格尔	12月20—25日	2
三亚市中国科学院基地	常州C3	12月20—25日	1
三亚市中国科学院基地	常州C4	12月20—25日	1
陵水县光坡镇米甫村	英格尔	12月20—25日	2
陵水县光坡镇米甫村	常州C3	12月20—25日	2
陵水县光坡镇米甫村	常州C4	12月20—25日	1
乐东县G98高速路旁	英格尔	12月20—25日	10
乐东县G98高速路旁	常州C3	12月20—25日	7
乐东县G98高速路旁	常州C4	12月20—25日	6

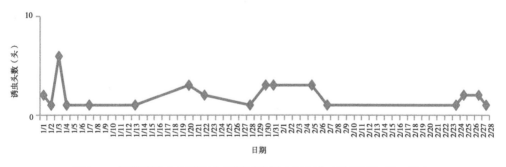

图4-7 儋州草地贪夜蛾高空灯监测数据（2020年1月1日至2月28日）

参考文献

郭井菲，何康来，王振营，2019. 草地贪夜蛾的生物学特性、发展趋势及防控对策[J]. 应用昆虫学报，56（3）：361-369.

郭井菲，赵建周，何康来，2018. 警惕危险性害虫草地贪夜蛾入侵中国[J]. 植物保护，44（6）：1-10.

江幸福，张蕾，程云霞，2019. 草地贪夜蛾迁飞行为与监测技术研究进展[J]. 植物保护，45（1）：12-18.

姜玉英，刘杰，朱晓明，2019. 草地贪夜蛾侵入我国的发生动态和未来趋势分析[J]. 中国植保导刊，39（2）：33-35.

金涛，林玉英，马光昌，等，2019. 杀虫剂对新入侵海南草地贪夜蛾种群幼虫的毒力[J]. 热带作物学报，40（8）：1571-1576.

林伟，徐淼锋，权永兵，等，2019. 基于MaxEnt模型的草地贪夜蛾适生性分析[J]. 植物检疫，33（4）：69-73.

吴秋琳，姜玉英，吴孔明，2019. 草地贪夜蛾缅甸虫源迁入中国的路径分析[J]. 植物保护，45（2）：1-6, 18.

BURTET L M, BERNARDI O, MELO A A, et al., 2017. Managing fall armyworm, *Spodoptera frugiperda*（Lepidoptera：Noctuidae），with Bt maize and insecticides in southern Brazil[J]. Pest Management Science, 73（12）：2569-2577.

OKUMA D M, BERNARDI D, HORIKOSHI R J, et al., 2018. Inheritance and fitness costs of *Spodoptera frugiperda*（Lepidoptera：Noctuidae）resistance to spinosad in Brazil[J]. Pest Management Science, 74（6）：1441-1448.

REBECA G M, DAVID M S, CARLOS A B, et al., 2019. Field-evolved resistance of the *fall armyworm*（Lepidoptera：Noctuidae）to synthetic insecticides in Puerto Rico and Mexico[J]. Journal of Economic Entomology, 112（2）：792-802.

第五章　斜纹夜蛾监测

斜纹夜蛾（*Spodoptera litura* Fabricius）又名莲纹夜蛾，属鳞翅目夜蛾科，是世界性、暴发性、迁飞性害虫，在我国南北各地均有分布，以长江流域各地受害严重，有些年份暴发成灾。此虫食性很广，寄主植物已知有99科290多种。其中喜食的有90种以上，在蔬菜中有甘蓝、白菜、莲藕、蕹菜、豆类、瓜类、茄子、辣椒、番茄等，但以十字花科和水生蔬菜为主；其他作物有甘薯、棉花、大豆、玉米、烟草等。此虫以幼虫为害，初孵、低龄幼虫群聚取食叶肉，受害叶片仅剩一层表皮，呈窗纱状。高龄幼虫吃叶成缺刻状，严重时除主脉外，全叶取食殆尽。还可为害甘蓝叶球，钻蛀棉花花、蕾铃。在南繁区此虫普遍发生，主要为害辣椒、豇豆、黄瓜、玉米、棉花、大豆、甘薯、空心菜、蓖麻等作物。

第一节　生物学特征

一、形态特征

（一）成虫

体长16～21mm，翅展37～42mm。前翅黄褐色，具有复杂的黑褐色斑纹、中室下方淡黄褐色，翅基部前半部有白线数条；内横线与外横线之间有灰白色宽带，自内横线前缘斜伸至外横线近内缘1/3处，灰白色宽带中有2条褐色线纹（雄蛾不显著）。后翅白色，具紫色闪光。

（二）卵

半球形，卵粒常3～4层重叠成块。卵块椭圆形，上覆黄褐色绒毛。

（三）幼虫

体色变化很大，发生少时淡灰绿色，大发生时色深，多为黑褐色或暗褐色。头部灰褐色至黑褐色，颅侧区有褐色不规则网状纹。背线和亚背线黄色。沿亚背线上缘每两侧常各有1个半月形黑斑，其中腹部第1节的黑斑较大，近于菱形；第7～8节的为新月形，也较大。气门线暗褐色。气门椭圆形，呈黑色。气门下线由污黄色或灰白斑点组成。体腹面灰白色。腹足趾钩单序。

（四）蛹

赤褐色至暗褐色。腹部第4节背面前缘及第5～7节背面和腹面的前缘密布圆形刻点。气门为黑褐色，呈椭圆形。腹端有臀棘1对，短，尖端不成钩状。

二、鉴定特征

（一）卵的区别

斜纹夜蛾和草地贪夜蛾、甜菜夜蛾等的亲缘关系比较近，卵的形态相似性也较高，可以从卵块有无、卵层数、卵块是否有绒毛覆盖及绒毛颜色、卵粒形状等方面进行区分（表5-1）。

表5-1　斜纹夜蛾与几种近似物种的卵的形态特征对照

种类	是否成块	是否覆盖绒毛及颜色	卵的颜色	形状	卵层数	参考文献
斜纹夜蛾	是	是，黄褐色	初产黄白色，后变为暗灰色	半球形	多层	赵胜园，2019；张智，2020
草地贪夜蛾	是	是，白色	初产卵块呈淡绿色，逐渐变褐	卵粒直径约为0.4mm，高约为0.3mm，底部扁平，呈圆顶形，卵粒表面具放射状花纹，并有一定光泽	单层	赵胜园，2019；郭井菲，2019
甜菜夜蛾	是	是，白色	淡黄色到淡青色	馒头形	多层	陈秀红，2020
黏虫	是	无	初产白色渐变黄色，有光泽	半球形	单层	马丽，2016

（二）幼虫的区别

斜纹夜蛾与一些常见夜蛾科害虫可以从幼虫的头部特征，如颜色、纹理、斑点、老熟幼虫体长等方面进行区分（表5-2）。

表5-2　斜纹夜蛾幼虫与常见夜蛾科幼虫对比

种类	龄期	头部	体色	虫体特征	老熟幼虫体长（mm）	参考文献
草地贪夜蛾	6	青黑色、橙黄色或红棕色，高龄幼虫头部有白色或浅黄色倒"Y"形纹	黄色、绿色、褐色、深棕色、黑色	腹节每节背面有4个长有刚毛的黑色或黑褐色斑点。第8腹节、第9腹节背面的斑点显著大于其他各节斑点，第8腹节4个斑点呈正方形排列	30～36	VISSER，2017；KONDIDIE，2011；FAO，2018；OEPP/EPPO，2015
甜菜夜蛾	5	黑色、淡粉色	体色多变，绿色、暗绿色、黄褐色、褐色至黑褐色	背线有或无，颜色多变，各节气门后上方有1个明显白点，体色越深，白点越明显。气门下线为明显的黄白色或绿色纵带，有时带粉红色，纵带直达腹末	22～30	司升云等，2009；石洁等，2011
斜纹夜蛾	6	黑褐色，高龄幼虫头部有白色或浅黄色倒"Y"形纹	体色多变，淡灰绿色、黑褐色、暗绿色、黄绿色等	背线、亚背线和气门下线均为灰黄色或橙黄色纵线。从中胸至第9腹节，每节体背的两侧各有1个近三角形黑斑，其中以第1腹节和第8腹节的最大、最明显	35～47	OEPP/EPPO，2015，GILLIGAN et al.，2014；司升云等，2010
黏虫	6	棕褐色，高龄幼虫有明显的棕黑色"八"字纹	体色鲜艳，由青绿色至深黑色	背中线白色，边缘有细黑线，背中线两侧有2条红褐色纵条纹，上下镶有灰白色细条，气门线黄色，上下有白色带纹，腹足外侧具有黑褐色斑点	24～40	马丽等，2016

（三）成虫的区别

田间有多种蛾子的形态与斜纹夜蛾较为相似，给斜纹夜蛾的田间调查增加了难度，可以从翅展、雌雄蛾前翅的差异、前翅顶角的特征及后翅的特征等方面进行区分（表5-3）。

表5-3　斜纹夜蛾成虫与几种近似物种的对比

种类	翅展（mm）	雌雄蛾前翅是否有差异	前翅有无特殊颜色	前翅是否有斜纹	前翅顶角特征	后翅特征
斜纹夜蛾	37～42	否	蓝色	从前缘经圆形斑和肾形斑之间有1灰白斜纹达2～3脉基部	从顶角向内，外线与亚缘线间有紫灰色的条纹	白色
甘蓝夜蛾	33～35	否	无	无	无明显特征	基部淡褐色，端部暗褐色
陌夜蛾	45～52	否	墨绿色	圆形斑后方有1戟形白纹	无明显特征	基部淡褐色，端部暗褐色
甜菜夜蛾	19～30	否	粉黄色	有明显粉黄色的环形斑和肾形斑，翅面上有几条黑色的波浪线，翅外缘有1列黑色的三角形斑	无明显特征	银白色，略带粉红色，翅缘灰褐色
海灰翅夜蛾	30～38	否	蓝色	前翅灰色至浅灰白色条纹（雄虫的翅蓝色区域）	无明显特征	后翅灰白色，边缘灰色，翅脉不明显

第二节　调查与监测方法

一、斜纹夜蛾调查内容及方法

（一）大田普查

选择3～5个代表性蔬菜种植面积较大的区域，每区调查2～3块田，在卵高峰期进行。每块田采用平行跳跃取样法，共取样10点。苗期调查10株，成株期调查

5株。清晨10时以前或16时以后，调查植株叶片上的卵量、各龄幼虫数量，计算有卵株率、百株虫量和被害指数，结果记入表5-4。在发生盛期每5d调查1次，其余每10～15d调查1次。

表5-4 斜纹夜蛾大田普查记载

调查日期	作物种类	生育期	调查株数（株）	被害株数（株）	被害指数	被害株数率（%）	有卵株数（株）	有卵株率（%）	百株虫量（头）			备注
									1～3龄	4龄以上	合计	

调查地点： 调查单位： 调查人：

（二）田间虫情定点调查

发现成虫后，选择连片种植、有代表性田块2～3块作为定点调查田。每块田采用平行跳跃取样法，共取样10点。苗期每点10～20株，成株期每点5～10株，将查到的卵块用挂牌标记，供下次查卵时区别新卵块，同时调查幼虫数量和有卵株数，计算有卵株率、百株卵块数、卵孵化率、各龄幼虫数和百株虫量，结果记入表5-5。在发生盛期每5d调查1次，其余每10d调查1次。

表5-5 斜纹夜蛾田间虫情定点调查记载

调查日期	作物种类	生育期	调查株数（株）	被害株数（株）	有卵株数（株）	有卵株率（%）	百株卵块数（块）	百株孵化卵块数（块）	卵孵化率（%）	百株虫量（头）		
										1～3龄	4龄以上	合计

调查地点： 调查单位： 调查人：

（三）天敌调查

在斜纹夜蛾卵孵化高峰期和幼虫盛发期，选择有代表性的田块10块，每块面积不少于1亩，采用平行跳跃法10点取样，每样点不少于2株作物，调查田内的捕食性天敌种类和数量，并将幼虫和卵块采回室内，观察寄生性天敌的羽化情况。结果记录在表5-6所示的表格之中。

63

表5-6　斜纹夜蛾田间天敌种类调查

调查日期	作物种类	生育期	调查株数（株）	天敌类型	种类	寄生率（%）	备注

调查地点：　　　　　　　调查单位：　　　　　　　调查人：

二、斜纹夜蛾监测方法

（一）成虫数量监测

1.灯光诱测

自11月中旬至翌年4月下旬，采用多功能自动虫情测报灯（或高空灯）诱蛾，设置在视野开阔处，要求其四周没有高大建筑物和树木遮挡。虫情测报灯（或高空灯）的灯管下端与地表面垂直距离为1.2～1.5m。自动虫情灯灯管一般每年更换一次，高空灯一般4个月换一次灯泡。每日傍晚时开灯，天明后关灯，逐日检查灯下成虫数量、性比。结果记入表5-7。

表5-7　斜纹夜蛾成虫灯下诱测记载

调查日期	雌	雄	合计

调查地点：　　　调查单位：　　　　　　　　　调查人：

2.性诱剂诱测

自11月中旬至翌年4月下旬，选择当地比较空旷、连片种植的田块1块，设置相互距离50m左右的筒形性诱捕器3个，三角形排列，每个诱捕器中放诱芯1枚，在盛虫瓶内装1/4～1/3体积清水，再向水中加少许洗衣粉，诱捕器悬挂于竹竿上，进虫孔距地面1.4～1.5m。每天早晨检查诱蛾情况，逐日记录蛾量，结果记入表5-8。若诱到成虫，将盛虫瓶中的成虫和水一并倒至水杯中，捞出成虫，将水倒回盛虫瓶中继续使用。为了保证所使用的诱捕剂诱芯有足够的活性物，每7d更换一次诱芯，盛虫器中的水，视混浊程度进行更换。

表5-8　斜纹夜蛾性诱剂诱测记载

调查日期	诱蛾量（头）				备注
	诱捕器1	诱捕器2	诱捕器3	平均	

调查地点：　　　　调查单位：　　　　调查人：

（二）幼虫数量监测

自11月中旬至翌年4月下旬，选择连片种植、有代表性田块2~3块作为幼虫数量监测田。每块田采用平行跳跃取样法，共取样10点。每点10株调查各龄幼虫数和百株虫量，结果记入表5-9。每5d调查1次。

表5-9　斜纹夜蛾田间幼虫监测记载

调查日期	作物种类	生育期	调查株数（株）	被害株数（株）	百株虫量（头）		
					1~3龄	4龄以上	合计

调查地点：　　　　调查单位：　　　　调查人：

第三节　田间调查数据

一、基础数据收集

收集的基础数据主要包括主要作物品种及其栽培面积、播种期和各期播种的面积、当地气象台（站）主要气象要素的预测值和实测值。

二、根据田间调查进行预测预报

（一）发生期预测

1.可用灯光诱集成虫，根据灯下蛾情预测下一代田间斜纹夜蛾的发生期

当灯下蛾量分别达到该代（该时间段）蛾量的16%、50%、84%%，即分别

为成虫始盛期、高峰期、盛末期。下一代幼虫1龄始盛期（高峰期、盛末期）=成虫始盛期（高峰期、盛末期）的日期+成虫产卵始盛期（高峰期、盛末期）历期（d）+卵历期（d）。下一代幼虫2龄始盛期（高峰期、盛末期）=成虫始盛期（高峰期、盛末期）的日期+成虫产卵始盛期（高峰期、盛末期）历期（d）+卵历期（d）+1龄幼虫历期。依此类推，下一代幼虫3龄（4龄、5龄、6龄）始盛期（高峰期、盛末期）=下一代幼虫1龄始盛期（高峰期、盛末期）的日期+2龄（2~3龄、2~4龄、2~5龄）历期（d）。

2. 根据田间幼虫发育进度预测下一代幼虫的发生期

将田间调查的幼虫分龄记载，统计各龄幼虫占总幼虫数的百分率，从最高龄向低龄逐龄累加百分率，当累加百分率达到16%、50%、84%的这一龄期时，即分别为这一龄的始盛期、高峰期和盛末期。下一代1龄始盛期（高峰期、盛末期）=田间调查某龄期始盛期（高峰期、盛末期）的日期+该龄期至化蛹的历期（d）+蛹历期（d）+成虫羽化至产卵始盛期（高峰期、盛末期）+卵历期（d）。依此类推，下一代幼虫2龄（3龄、4龄、5龄、6龄）始盛期（高峰期、盛末期）=下一代卵孵始盛期（高峰期、盛末期）的日期+1龄（1~2龄、1~3龄、1~4龄、1~5龄）幼虫历期（d）。

（二）历期预测法

根据灯诱或性诱结果统计出斜纹夜蛾成虫始盛期（16%）、高峰期（50%）、盛末期（84%），结合将要预报的下一代发生期间当地的气温预报，及该条件下的各虫态发育历期（斜纹夜蛾不同温度下各虫态历期见表5-10），即可推测出下一代的发生期。

表5-10　斜纹夜蛾不同温度下各虫态历期（d）（秦厚国等，2002）

虫态	温度（℃）				
	15	19	24	29	34
卵	13.2	9.9	4.0	3.0	2.8
1龄幼虫	9.9	7.3	3.4	2.5	1.6
2龄幼虫	9.1	6.1	2.0	1.6	1.2
3龄幼虫	9.0	6.8	2.9	2.1	1.3
4龄幼虫	8.8	6.4	3.0	1.8	1.2
5龄幼虫	9.6	6.9	3.3	2.0	1.8
6龄幼虫	10.9	7.0	3.3	2.4	3.0
7龄幼虫	8.7	6.8	2.8	2.3	2.0

（续表）

虫态	温度（℃）				
	15	19	24	29	34
8龄幼虫	8.4	6.5	2.5	—	—
幼虫全期	62.36	43.87	18.56	12.72	10.44
预蛹	8.6	5.3	2.9	1.8	1.2
蛹	34.4	22.8	11.7	9.5	6.6
产卵前期	7.23	6.20	2.57	2.00	2.16
成虫寿命	10.33	19.72	12.39	8.83	5.42

（三）有效积温预测法

根据斜纹夜蛾卵、幼虫、蛹的发育起点温度和有效积温（斜纹夜蛾各虫态的发育起点温度和有效积温见表5-11），预测期内天气预报的平均温度和当前田间虫态发生期，预报某虫态的发生期，按式（5-1）计算。

$$D = \frac{K}{T-C} \qquad (5-1)$$

式中，D为某虫态的发育历期（d），K为完成该虫态所需有效积温（d·℃），C为该虫态的发育起点温度（℃），T为预报气温（℃）。

表5-11　斜纹夜蛾各虫态的发育起点温度和有效积温（秦厚国等，2002）

虫态	发育起点温度（℃）	有效积温（d·℃）
卵	11.52 ± 1.78	56.75
1龄幼虫	13.30 ± 1.31	35.02
2龄幼虫	13.32 ± 1.13	24.38
3龄幼虫	11.85 ± 2.56	27.67
4龄幼虫	12.69 ± 1.71	28.89
5龄幼虫	12.81 ± 1.33	36.71
6龄幼虫	11.55 ± 2.36	49.24
7龄幼虫	10.84 ± 1.54	42.98
幼虫全期	11.97 ± 0.91	224.06
预蛹	12.52 ± 1.22	28.65
蛹	11.47 ± 0.92	153.33
产卵前期	10.59 ± 2.65	41.18

（四）发生程度预测

根据斜纹夜蛾上代残虫量和当代卵块以及低龄幼虫密度、寄主作物生长情况，结合斜纹夜蛾生物学特性和历史发生情况综合分析，作出发生程度预测。

第四节　田间调查监测数据

一、在南繁区为害作物的情况

斜纹夜蛾是典型的多食性昆虫，其寄主范围较广。章士美等（1956）在实验室条件下，观测斜纹夜蛾对99科290种植物的取食行为，结果表明，供试的植物中有90种植物喜吃，107种较喜吃，86种不喜吃，荸荠、茅、竹叶、甘蔗、茭白、芦苇和凤尾松7种植物则完全拒食。20世纪80年代以来，随着斜纹夜蛾发生和为害日趋严重，农业昆虫学工作者对其寄主进行了广泛而深入的研究，发现其取食习性有较大的变化。20世纪50年代在实验室用荸荠、茭白饲养时斜纹夜蛾拒食该2种植物，而湖北黄梅县1999年及江西星子镇2004年发现该虫在田间则可取食荸荠和茭白。吴长兴等（2004）发现在实验室斜纹夜蛾幼虫拒食高羊茅，而在江苏扬州市该虫为害草坪高羊茅十分严重。值得注意的是斜纹夜蛾不但为害多种植物，而且据印度Agarwala等（1996）报道，其幼虫还能猎食蚜虫、横斑瓢虫（*Coccinella transersalis* Fabricius）和另一种瓢虫（*Cheilomenes sexmaculata* Fabricius）的卵。近年来对斜纹夜蛾在南繁区的寄主作物进行了广泛的调查，并查阅了国内相关文献，整理出该虫在南繁区的寄主植物名录。其寄主植物涉及到双子叶植物、单子叶植物，共计109科389种（包括变种），详细寄主植物名录见表5-12。

表5-12　南繁区斜纹夜蛾寄主作物名录

作物种类	科	属	拉丁学名
水稻	禾本科	稻属	*Oryza sativa*
玉米	禾本科	玉蜀黍属	*Zea mays*
高粱	禾本科	高粱属	*Sorghum bicolor*
棉花	锦葵科	棉属	*Gossypium arboreum*

（续表）

作物种类	科	属	拉丁学名
秋葵	锦葵科	秋葵属	*Abelmoschus esculentus*
大豆	豆科	豆属	*Glycine max*
豇豆	豆科	豇豆属	*Vigna unguiculata*
四季豆	豆科	草豆属	*Phaseolus vulgaris*
豌豆	豆科	豌豆属	*Pisum sativum*
绿豆	豆科	豇豆属	*Vigna radiata*
花生	豆科	落花生属	*Arachis hypogaea*
西瓜	葫芦科	西瓜属	*Citrullus lanatus*
黄瓜	葫芦科	黄瓜属	*Cucumis sativus*
南瓜	葫芦科	南瓜属	*Cucurbita moschata*
丝瓜	葫芦科	丝瓜属	*Luffa cylindrica*
苦瓜	葫芦科	苦瓜属	*Momordica charantia*
佛手瓜	葫芦科	佛手瓜属	*Sechium edule*
甜瓜	葫芦科	黄瓜属	*Cucumis melo*
冬瓜	葫芦科	冬瓜属	*Benincasa hispida*
葫芦	葫芦科	葫芦属	*Lagenaria siceraria*
白菜	十字花科	芸薹属	*Brassica campestris*
芥菜	十字花科	芸薹属	*Brassica juncea*
甘蓝	十字花科	芸薹属	*Brassica oleracea*
青花菜	十字花科	芸薹属	*Brassica oleracea*
菜薹	十字花科	芸薹属	*Brassica campestris*
萝卜	十字花科	萝卜属	*Raphanus sativus*
甘薯	薯蓣科	薯蓣属	*Dioscorea esculenta*
向日葵	菊科	向日葵属	*Helianthus annuus*
芝麻	胡麻科	胡麻属	*Sesamum indicum*
胡椒	胡椒科	胡椒属	*Piper nigrum*
辣椒	茄科	辣椒属	*Capsicum annuum*
茄子	茄科	茄属	*Solanum melongena*
马铃薯	茄科	茄属	*Solanum tuberosum*
芹菜	伞形科	芹属	*Apium graveolens*
胡萝卜	伞形科	胡萝卜属	*Daucus carota*

二、田间监测情况

（一）海南三亚斜纹夜蛾虫情灯诱集动态

2013年有2个高峰，主高峰为3—5月，次高峰为8—10月（图5-1）。2月开始虫口数量增加，4月达到最大值633头。8月虫口开始增加，9月达到最大值224头，10月虫口开始下降，1月和12月虫口达到最低。在试验期间，年度平均气温为25.05℃，5月为最高温度29.06℃，12月为最低温度16.87℃。虫口数与气温不呈正相关关系，气温27℃左右时虫口数出现高峰，气温较低月份，虫口数量较低。试验期间没有出现极端天气。

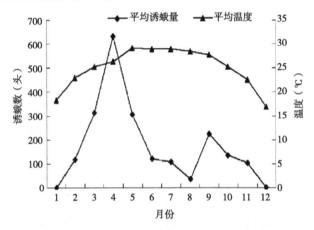

图5-1　2013年三亚斜纹夜蛾月诱蛾量动态

（二）海南海口斜纹夜蛾高空灯诱集动态

2018年海南海口斜纹夜蛾高空诱虫灯下日变化动态（图5-2）显示，斜纹夜蛾的高峰期主要集中在4—6月，1月初及10月也存在小的高峰，单日最大诱虫量为8头。

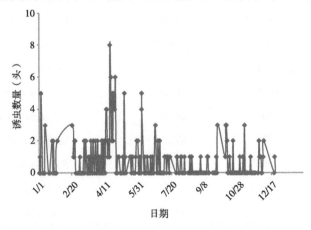

图5-2　2018年海口斜纹夜蛾高空灯诱集动态

（三）海南儋州斜纹夜蛾高空灯诱集动态

2018年海南儋州斜纹夜蛾高空诱虫灯下日变化动态（图5-3）显示，斜纹夜蛾的高峰期主要集中在3—6月，1月初及9月底也存在小的高峰，单日最大诱虫量为40头。

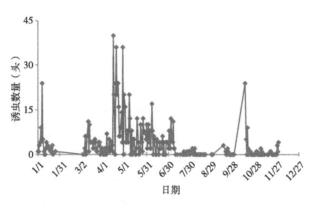

图5-3 2018年儋州斜纹夜蛾高空灯诱集动态

参考文献

郭井菲，静大鹏，太红坤，等，2019. 草地贪夜蛾形态特征及与3种玉米田为害特征和形态相近鳞翅目昆虫的比较[J]. 植物保护，45（2）：7-12.

洪晓月. 农业昆虫学[M]. 第三版. 北京：中国农业出版社.

林威鹏，彭莉，肖桃艳，等，2015. 一种鉴别斜纹夜蛾蛹及成虫雌雄的简易方法[J]. 环境昆虫学报，37（3）：685-687.

马丽，高丽娜，黄建荣，等，2016. 黏虫和劳氏黏虫形态特征比较[J]. 植物保护，42（4）：142-146.

秦厚国，叶正襄，丁建，等，2002. 温度对斜纹夜蛾发育、存活及繁殖的影响[J]. 中国生态农业学报（3）：80-83.

石洁，王振营，2011. 玉米病虫害防治彩色图谱[M]. 北京：中国农业出版社：48-49.

OEPP/EPPO，2015. PM 7/124（1）*Spodoptera littoralis*，*Spodoptera litura*，*Spodoptera frugiperda*，*Spodoptera eridania* [J]. OEPP/EPPO Bulletin，45（3）：410-444.

VISSER D，2017. Fall armyworm：an identification guide in relation to other common caterpillars，a South African perspective [R]. Pretoria：Agricultural Research Council-Vegetable and Ornamental Plants.

第六章　水稻两迁害虫监测

水稻两迁害虫褐飞虱（*Nilaparvata lugens*）、白背飞虱（*Sogatella furcifera*）和稻纵卷叶螟（*Cnaphalocrocis medinalis*）是广泛分布于亚洲地区，严重威胁世界水稻生产的远距离跨境迁飞性害虫。其中稻纵卷叶螟在我国除新疆和宁夏外，均有该虫发生为害（张孝羲等，1980，1981）。近年来，随着耕作栽培、气候等因素的改变，稻纵卷叶螟再度猖獗为害，2007年和2008年该虫在南方稻区暴发，全国发生面积分别达2 530万hm^{2}和2 466.67万hm^2，其中贵州、湖北、广西、湖南、江西等地田间发生之重为历史罕见，严重危害了水稻生产（翟保平和程家安，2006；刘宇等，2008）。稻飞虱（白背飞虱和褐飞虱）是我国水稻生产上的重要害虫，具有远距离迁飞的特性，在淮河以南稻区常年发生，暴发频繁。2006—2015年稻飞虱平均每年造成水稻产量实际损失119.4万t，2006年、2007年大发生年分别高达206.5万t、166.7万t。稻飞虱不仅直接取食为害水稻，还可以携带南方水稻黑条矮缩病毒等多种病原物，严重影响水稻生产安全。近年来，稻飞虱为害总体呈减轻趋势。但年度间发生情况差异较大。海南岛是我国水稻两迁害虫的越冬地和虫源地，特别是在水稻的南繁区域，冬季有大量水稻种植，为稻飞虱的顺利越冬提供了充足的食物来源；其在水稻南繁区域为害南繁水稻，影响种子安全生产，更是成为翌年水稻两迁害虫发生的虫源，影响我国粮食的安全生产，因而在南繁区域进行水稻两迁害虫的监测，掌握第一手的虫情信息，有利于开展水稻两迁害虫的监测防控，保障我国粮食的安全生产，具有十分重要的经济意义和社会意义。

第一节　生物学特征

一、稻飞虱

成虫：有长翅和短翅两型。全体褐色，有光泽。长翅型体长（连翅）4～5mm；短翅型雌虫3.5～4mm，雄虫2.2～2.5mm，翅长不达腹末。前胸背板和小盾片都有3条明显的凸起线。后足第1跗节外方有小刺。深色型腹部黑褐色，浅色型腹部褐色。雄虫抱器端部不分叉，呈尖角状向内前方突出；雌虫产卵器第1载瓣片内缘呈半圆形突起。

卵：香蕉形，乳白至淡黄色，卵粒在植物组织内成行排列，卵帽与产卵痕表面等平。

若虫：共5龄。初孵时淡黄白色，后变褐色，近椭圆形。5龄若虫第3～4节腹背各有一个明显的"山"字形浅斑。若虫落入水面后足伸展成一直线。

在利用高空灯进行诱集时，经常能同时诱集到褐飞虱和其两种近似物种——拟褐飞虱和伪褐飞虱，为准确的区分这3种近似物种，可参照表6-1。

表6-1　几种褐飞虱近似物种的区别

名称	颜面	雌性外生殖器	雄性外生殖器
褐飞虱	额中脊连续，两侧间脊中部距离较宽，侧面观颜面基部较圆滑	第1载瓣片内缘基部呈一半圆形突起。	生殖节后开口的腹侧缘完整、无突起、阳茎侧突（抱握器）端部不分叉，呈尖角形向内前方突出
伪褐飞虱	额中脊连续，3条额脊粗而高，侧面观颜面基部有棱角	第1载瓣片内缘于最基端有一小突起，呈一球形	生殖节后开口的腹缘中部有一小三角形突起，两侧生殖节在侧、腹缘之间的突起较狭长；阳茎侧突端部分叉，粗细、长短相近似
拟褐飞虱	额中脊不连续，成凹陷状	第1载瓣片内缘基部有两个突起，基部的一个较狭长，另一个似小圆角形	生殖节后开口的腹缘中部有一个较大的三角形，侧边具齿，另在腹侧之间各有1个突起；阳茎侧突端部分叉，内叉窄，外叉横宽

二、白背飞虱

成虫：有长翅和短翅两型。长翅型体长（连翅）3.8～4.6mm；短翅型体长2.5～3.5mm。雄虫淡黄色，具黑褐斑，雌虫大多黄白色。雄虫头顶、前胸和中胸背板中央黄白色，仅头顶端部脊间黑褐色，前胸背板侧脊外方，复眼后方有一暗褐色新月形斑，中胸背板侧区黑褐色，前翅半透明，有黑褐色翅斑；额、颊区、胸、腹部腹面均为黑褐色。雌虫额、颊区及胸、腹部腹面则为黄褐色。雄虫抱握器于端部分叉。

卵：长0.8～1mm，长椭圆形，稍弯曲，一端稍大。卵块中卵粒呈单行排列，卵帽不外露，外表仅见褐色条状产卵痕。

若虫：体淡灰褐色，背有淡灰色云状斑，共5龄。1龄体长1mm左右，末龄体长约2.9mm，3龄见翅芽。3龄腹部第3节、第4节背面各有1对乳白色近三角形斑纹。若虫落水其后足伸展成一直线。

三、稻纵卷叶螟

成虫：体长7～9mm，翅展12～18mm。体、翅黄褐色，停息时两翅斜展在背部两侧。复眼黑色，触角丝状，黄白色。前翅近三角形，前缘暗褐色，翅面上有内、中、外3条暗褐色横线，内、外横线从翅的前缘延至后缘，中横线短而略粗，外缘有一条暗褐色宽带，外缘线黑褐色。后翅有内、外横线两条，内横线短，不达后缘，外横线及外缘宽带与前翅相同，直达后缘。腹部各节后缘有暗褐色及白色横线各1条，腹部末节有两个并列的白色直条斑。雄蛾前翅前缘中部稍内方，有一中间凹陷周围黑色毛簇的闪光"眼点"，中横线与鼻眼点相连；前足跗节膨大，上有褐色丛毛，停息时尾节常向上翘起。雌蛾前翅前缘中间，即中横线处无"眼点"，前足跗节上无丛毛，停息时，尾部较平直。

幼虫：幼虫头部淡褐色，腹部淡黄色至绿色，老熟幼虫体长14～19mm，橘红色。前胸背板淡褐色，上有褐色斑纹，近前缘中央有2个并列的褐色斑点，两侧各有一条由褐色斑点组成的弧形斑。后缘有两条向前延伸的尖条斑。中、后胸背面各有茸毛片8个，分成两排，前排6个，中间两条较大，后排2个，位于两侧；自3龄以后，毛片周围黑褐色。腹部毛片黄绿色，周围无黑纹，第1～8节背面各有毛片6个，也分两排，前排4个，后排2个，位于近中间。腹部毛瘤黑色，气门周围亦为黑色。腹足趾钩39个左右，为单行三序环。幼虫一般5龄，少数6龄。预蛹长11.5～13.5mm，淡橙红色，体节膨胀，腹足及尾足收缩。

蛹：长7～10mm，圆筒形，末端较尖削。初淡黄色，后转红棕色至褐色，背部色较深，腹面色较淡。翅芽、触角及足的末端均达第4节后缘。腹部气门突出，第4~8节节间明显凹入，第5~7节近前缘处有一黑褐色横隆线。尾刺明显突出上有8根钩刺。雄蛹腹部末端较细尖，生殖孔在第9腹节上，距肛门近；雌蛹末节较圆钝，生殖孔在第8腹节上，距肛门较远，第9节节间缝向上延伸成"八"字形。蛹外常裹薄茧。

卵：卵椭圆形而扁平，长约1mm，宽约0.5mm，中间稍隆起，卵壳表面有细网纹。初产时乳白色透明，后渐变淡黄色，在烈日暴晒下，常变赭红色；孵化前可见卵内有一黑点，为幼虫头部。

在利用高空灯进行诱集时，经常能同时诱集到稻纵卷叶螟和其近似物种——窄缘纵卷叶螟，为准确地区分这两种近似物种，可参照表6-2。

表6-2　稻纵卷叶螟及窄缘纵卷叶螟的形态差异

名称	翅差异	复眼差异
稻纵卷叶螟	前、后翅外缘有黑褐色宽边，前翅前缘暗褐色，有内、中、外3条黑褐色横纹，中横纹短，不伸达后缘	复眼为黑色
窄缘纵卷叶螟	3条横纹明显，中横纹仅达中室前缘，外横纹向内伸至中间再往下延伸，后翅内横纹较外横纹长	复眼为红褐色

第二节　调查与监测方法

一、稻飞虱调查内容及方法

（一）灯光诱测

光源：用2 000W金卤灯作标准光源。

观测灯设置：光源离地面1.5m，光柱朝天照射，下方装集虫漏斗、杀虫和集虫装置。观测灯安装应紧靠稻田，直径300m范围内无高度超过6m的建筑物和丛林，距路灯等干扰光源300~350m。

开灯时间：从当地最早见虫年份的成虫初见期前10d开始，至常年成虫终见后10d结束。每天天黑前开灯，天明后关灯。

观测方法：逐日对诱获的成虫计数，区别白背飞虱、褐飞虱种类和性别，并记载其他种类飞虱诱集数量。当日诱虫总重量超过100g时,将所诱集的成虫均匀平铺于磁盘内,用"十字交叉"法将成虫分为4等份,如1/4虫量仍超过100g时,继续等分,使1/4虫量低于100g后,再分类、记数。将各类型稻飞虱数量×4^n(n为等分次数)即为各类总诱获量。同时记录开灯时的天气状况。观测结果记入表6-3。

表6-3　稻飞虱灯光诱蛾逐日记载

诱测日期	( )月						总计(头)	开灯时天气状况	备注
	褐飞虱(头)			白背飞虱(头)					
	雌	雄	合计	雌	雄	合计			

(二)田间虫量系统调查

1. 秧田

(1)调查地点。调查在观察区内进行,观察区面积应在30hm²以上。选有代表性的类型田作固定系调查田,并设立观测圃,观测圃面积不少于667m²。

(2)调查时间。每月的5日、10日、15日、20日、25日、30日各调查一次。

(3)调查时段。秧苗3叶期始至拔秧前止。

(4)调查方法。以调查成虫为主,选主要类型秧田3块。采用目测法或扫网法随机取样,每块田10个点。目测法,目测计数每0.25m²秧田内成虫数量;扫网法,用直径为53cm的捕虫网来回扫取宽幅为1m(0.5m²的面积)秧苗,统计捕虫网内成虫数量。折算为每平方米秧田的成虫量。结果记入表6-4。

表6-4 秧田稻飞虱成虫调查记载

调查日期		品种	叶龄	取样面积（亩）	褐飞虱 虫数（头/m²）			白背飞虱 虫数（头/m²）			备注
月	日				雌	雄	小计	雌	雄	小计	

2. 大田

（1）调查时段。水稻移栽后，自诱测灯下出现第一次成虫高峰后开始，至水稻成熟收割前2～3d结束。

（2）取样方法。选品种、生育期和长势有代表性的各类型田3～5块，采用平行双行跳跃式取样，每点取2丛。每块田的调查丛数可根据稻飞虱发生量而定：每丛低于5头时，每块田调查50丛以上；每丛5～10头时，每块田调查30～50丛；每丛大于10头时，每块田调查20～30丛。

（3）调查方法。采用33cm×45cm的白搪瓷盘作载体，用水湿润盘内壁。查虫时将盘轻轻插入稻行，下缘紧贴水面稻丛基部，快速拍击植株中下部，连拍3下，每点计数1次，计数各类飞虱不同翅型的成虫，以及低龄和高龄若虫数量。每次拍查计数后，清洗白搪瓷盘，再进行下次拍查。结果记入表6-5。

表6-5 稻飞虱田间系统调查记载

调查日期		类型田	品种	生育期	取样丛数（丛）	长翅型成虫数（头/百丛、%）				短翅型成虫数（头/百丛、%）				若虫数（头/百丛、%）				用药情况
月	日					雌	雄	小计	褐飞虱比例	雌	雄	小计	褐飞虱比例	低龄	高龄	小计	褐飞虱比例	

（三）田间卵量系统调查

1.调查时间

双季早稻和双季晚稻于主害代成虫高峰后5~7d各查1次。单季中稻和晚稻于主害代前一代和主害代成虫高峰后5~7d分别各查1次。

秧田每平方米成虫数量超过5头时，移栽前3d进行1次卵量调查。

2.取样方法

在观测区内选择不同类型田块，采用平行跳跃式取样，每点取2丛，每丛拔取分蘖1株，主害代前一代取50株，主害代取20株。秧田采用棋盘式取样10点，每点10株。

3.调查方法

剥查取样稻株，并镜检卵条和卵粒，记录未孵化有效卵粒数、寄生卵数、孵化卵粒数以及卵胚胎发育进度。结果记入表6-6。

表6-6 稻飞虱田间卵量及发育进度调查记载

调查日期		类型田	品种	生育期	平均每丛株数（株）	取样株数（株）	卵条数（条）	卵粒数（粒）	其中（粒）						寄生率（%）	每百丛未孵卵粒数（粒）	备注
月	日								初期	中期	后期	末期	寄生数	已孵数			

（四）大田虫情普查

1. 普查时间

主害前一代2、3龄若虫盛期普查一次，主害代防治前和防治10d后各普查一次，共查3次。

2. 调查取样

在观察区和辖区范围内调查每种主要水稻类型田不少于20块，面积不少于1hm²。每块田采用平行跳跃式取样，每块田取5～10点，每点2丛。

3. 调查方法

计数不同翅型成虫、高龄若虫和低龄若虫，计算褐飞虱百分率。结果记入表6-7。

表6-7　稻飞虱大田虫口密度普查记载

调查日期		调查地点	类型田	品种	生育期	成虫量（头/百丛）			若虫量（头/百丛）			总虫量（头/百丛）	褐飞虱百分率（%）	防治情况
月	日					长翅	短翅	小计	低龄	高龄	小计			

（五）主要天敌调查

1. 捕食性天敌调查

在系统调查田中选主要类型田一块，每月的10日、20日、30日调查一次，结合系统调查进行，以调查蜘蛛和黑肩绿盲蝽为主，有条件时将蜘蛛区别种类。调查结果记入表6-8。

2. 寄生性天敌调查

在各代成虫主峰期进行，每代抽查雌成虫及高龄若虫50头，先目测螯蜂寄生虫数，再抽查线虫寄生虫数，计算寄生率。卵期寄生性天敌调查结合卵量调查进行。调查结果记入表6-8。

表6-8　稻飞虱天敌调查记载

调查日期		类型田	品种	生育期	捕食性天敌数（头／100丛）		成、若虫寄生性天敌				备注
月	日				蜘蛛	黑肩绿盲蝽	调查虫数（头）	螯蜂寄生数（头）	线虫寄生数（头）	寄生率（％）	

（六）为害状况普查

于各类水稻黄熟期前进行，采用大面积巡视目测法，记录调查区内有"冒穿"出现的田块数和面积，折合净"冒穿"面积，计算占调查区田块和面积的百分比。调查结果记入表6-9。

表6-9　稻飞虱冒穿（穿顶、塌秆）状况调查记载

调查日期		调查区	水稻类型	水稻面积（亩）		冒穿田面积（亩）		冒穿净面积（亩）	占调查区面积比例（％）			备注
月	日			块	面积	块	面积		冒穿田块	冒穿田面积	冒穿净面积	

二、稻纵卷叶螟调查内容及方法

（一）成虫及雌蛾卵巢发育进度调查

1. 田间赶蛾

（1）调查时间。从灯下或田间始见蛾开始，至水稻齐穗期。

（2）调查方法。选取不同生育期和好、中、差3种长势的主栽品种类型田各1块，每块田调查面积为50～100m²，手持长2m的竹竿沿田埂逆风缓慢拨动稻丛

中上部（水稻分蘖中期前同时调查周边杂草），用计数器计数飞起蛾数，隔天上午9时以前进行一次，调查结果记入表6-10、表6-11。

表6-10　稻纵卷叶螟田间赶蛾调查记载

调查地点	调查日期（年月日）	世代	稻作类型	品种	生育期	赶蛾面积（亩）	蛾量（头）	折合每亩蛾量（头）

表6-11　稻纵卷叶螟模式

填报单位	填报日期	本候水稻生物期	本候平均田间蛾量（头/亩）	本候最高田间蛾量（头/亩）	本候普查百丛虫量（头）	本候普查百丛卵量（头）	本候大田普查平均卷叶率（%）	发生面积占种植面积的比例（%）	主害类型田	备注

2. 雌蛾卵巢解剖

（1）调查时间。在主害代峰期每3d一次，突增后每2d一次。

（2）调查方法。在赶蛾的各类型田块中用捕虫网采集雌蛾20头、30头，带回室内当即解剖，镜检卵巢级别和交配率，结果记入表6-12。

（二）卵、幼虫种群消长及发育进度调查

1. 调查时间

各代产卵高峰期开始（迁入代在蛾高峰当天，本地虫源在蛾高峰后2d），隔2d查一次，至3龄幼虫期为止。

2. 调查方法

选取不同生育期和好、中、差3种长势的主栽品种类型田各1块、2块，定田观测。采用双行平行跳跃式取样，每块田查10点，每点2丛，调查有效卵、寄生卵、干瘪卵、卵壳和各龄幼虫数，结果记入表6-12、表6-13。

表6-12 稻纵卷叶蛾幼虫发育进度及残留虫量调查

调查地点	日期	世代	类型田块	品种	生育期	调查丛数（丛）	总虫数（头）	活虫数																	寄生幼虫（头）	寄生率（%）	卷叶率（%）	虫量		备注
								幼虫											蛹		蛹壳						头/100丛	头（苗）	
								1龄		2龄		3龄		4龄		5龄												
								头	%	头	%	头	%	头	%	头	%	头	%	头	%						

表6-13 稻纵卷叶蛾田间卵量调查

调查地点	调查日期（年月日）	世代	类型田	品种	生育期	调查丛数（丛）	总卵粒数（粒）	其中				百丛卵量（未孵+孵化）	寄生率（%）	干瘪率（%）	孵化率（%）	备注
								未孵卵粒数（粒）	寄生卵粒数（粒）	干瘪卵粒数（粒）	孵化卵粒数（粒）					

（三）卵量和幼虫发生程度普查

1. 调查时间

卵量调查在田间蛾量突增后2d、3d开始调查；幼虫发生程度调查在各代2龄、3龄幼虫盛期开始。

2. 调查方法

卵量普查选取不同生育期和好、中、差3种长势的主栽品种类型田各1块，采用双行平行跳跃式取样，每块田查5丛，每丛拔取一株，每2d调查一次有效卵、寄生卵、干瘪卵数，结果记入表6-13、表6-14。幼虫发生程度普查选取不同品种、生育期和长势类型田各不少于20块，面积不少于1hm²，每5d调查一次。大田巡视目测稻株顶部3张叶片的卷叶率，对照参见表6-15确定幼虫发生级别，结果记入表6-14。

表6-14 稻纵卷叶螟幼虫发生程度普查记载

调查地点	调查日期（年月日）	世代	类型田	生育期	调查田块数（块）	代表面积（亩）	各级别幼虫发生田块数及所占百分比										备注
							一		二		三		四		五		
							田块数（块）	%	田块数（块）	%	田块数（块）	%	田块数（块）	%	田块数（块）	%	

表6-15 稻纵卷叶螟幼虫发生级别分类

级别	分蘖期		孕穗至抽穗期	
	卷叶率（%）	虫量（万头/亩）	卷叶率（%）	虫量（万头/亩）
一	<5.0	<1.0	<1.0	<0.6
二	5.0~10.0	1.0~4.0	1.0~5.0	0.6~2.0
三	10.1~15.0	4.1~6.0	5.1~10.0	2.1~4.0
四	15.1~20.0	6.1~8.0	10.1~15.0	4.1~6.0
五	>20.0	>8.0	>15.0	>6.0

第三节　田间调查监测数据

一、高空灯监测数据示例

2018年海南儋州和海口两地稻飞虱与稻纵卷叶螟的空中迁飞虫群动态如图6-1、图6-2所示。稻纵卷叶螟的蛾峰期在4月下旬，6月中旬、下旬，10月中旬到11月中旬，两地蛾峰期相对一致。稻飞虱虫峰期在海南海口和儋州两地为5月上中旬以及6月中下旬及10月下旬。

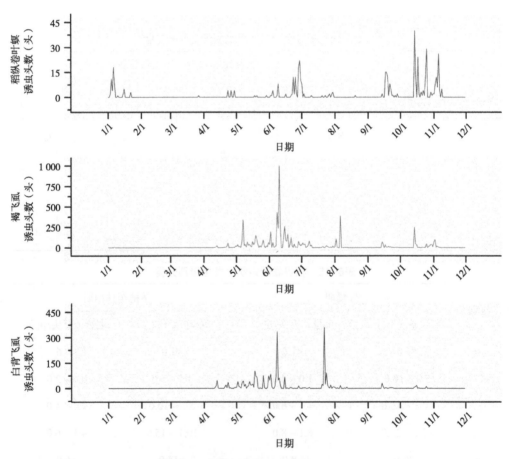

图6-1　儋州水稻两迁害虫种群动态

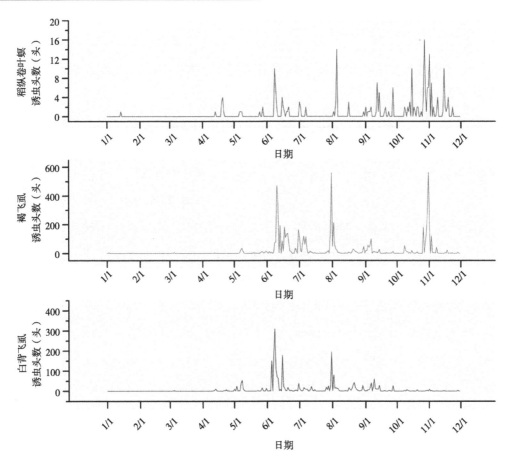

图6-2　海口水稻两迁害虫种群动态

2019年海南三亚稻飞虱与稻纵卷叶螟的空中迁飞虫群动态如图6-3所示。稻纵卷叶螟的蛾峰期在5月。稻飞虱虫峰期为3月中旬至5月上中旬。

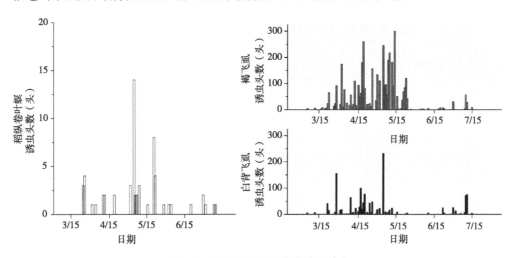

图6-3　三亚水稻两迁害虫种群动态

二、田间调查数据示例

2019年海南多地稻飞虱发生危害情况调查见表6-16，海南稻纵卷叶螟调查数据见表6-17。

表6-16　2019年海南多地稻飞虱发生危害情况调查表

序号	调查	生育期	经度	纬度	成虫量（头/百丛）			总虫量（头/百丛）	褐飞虱百分率（%）
					长翅	短翅	小计		
1	定安	分蘖期	110.4016667	19.59	20	0	20	20	0
2	定安	分蘖期	110.4038889	19.60222222	0	0	0	0	0
3	琼海龙寿洋	蜡熟期	110.4983333	19.22666667	0	0	0	0	0
4	琼海大路洋	黄熟期	110.4816667	19.45777778	0	0	0	0	0
5	琼海大路洋	分蘖期	109.7969444	18.4125	10	0	10	10	25
6	三亚崖城	分蘖期	109.3286111	18.3225	40	0	40	40	0
7	乐东	分蘖期	109.0555556	19.32916667	3	1	4	4	25
8	东方市大田镇	分蘖期	109.0555556	19.32916667	10	0	10	10	0
9	儋州品质所基地	抽穗扬花期	109.4902778	19.51361111	4	0	4	4	0
10	儋州品质所基地	孕穗期	109.4558333	19.50527778	0	0	0	0	0
11	儋州品质所基地	5~7叶期	109.4558333	19.50527778	6	0	6	6	33.33
12	儋州品质所基地	5~7叶期	109.4558333	19.50527778	10	0	10	10	0
13	儋州品质所基地	5~7叶期	109.4558333	19.50527778	24	0	24	24	33.33
14	白沙芙蓉田农场	5~7叶期	109.4558333	19.50527778	10	0	10	10	0
15	儋州品质所基地	5~7叶期	109.0555556	19.32916667	30	0	30	30	0
16	儋州品质所基地	5~7叶期	109.0555556	19.32916667	40	0	40	40	0

（续表）

序号	调查	生育期	经度	纬度	成虫量（头/百丛）			总虫量（头/百丛）	褐飞虱百分率（%）
					长翅	短翅	小计		
17	儋州品质所基地	5～7叶期	109.1808333	19.42194444	15	0	15	15	0
18	儋州品质所基地	5～7叶期	109.2025	19.43472222	30	0	30	30	0

表6-17　海南稻纵卷叶螟调查数据

序号	地点	生育期	经度	纬度	幼虫数量/100丛		卷叶率（%）
					低龄	高龄	
1	定安	分蘖期	110.4016667	19.59	0	0	0
2	定安	分蘖期	110.4038889	19.60222222	0	0	30
3	琼海龙寿洋	蜡熟期	110.4983333	19.22666667	0	0	0
4	琼海大路洋	黄熟期	110.4816667	19.45777778	2	5	25
5	琼海大路洋	分蘖期	109.7969444	18.4125	0	1	5
6	三亚崖城	分蘖期	109.3286111	18.3225	0	0	5
7	乐东	分蘖期	109.0555556	19.32916667	0	0	5
8	东方市大田镇	分蘖期	109.0555556	19.32916667	5	0	30
1	儋州品质所基地	孕穗期	109.4902778	19.51361111	1	0	5
2	儋州品质所基地	抽穗扬花期	109.4558333	19.50527778	0	0	0
3	儋州品质所基地十队	5～7叶期	109.4558333	19.50527778	0	0	0
4	儋州品质所基地十队	5～7叶期	109.4558333	19.50527778	0	0	0
5	儋州品质所基地十队	5～7叶期	109.4558333	19.50527778	0	0	0
6	儋州品质所基地十队	5～7叶期	109.4558333	19.50527778	0	0	0
7	昌江尼下村	4～5叶期	109.0555556	19.32916667	0	0	0
8	昌江尼下村	4～5叶期	109.0555556	19.32916667	0	0	0
9	白沙芙蓉田农场	5～7叶期	109.1808333	19.42194444	25	0	12.5
10	白沙芙蓉田农场	4～5叶期	109.2025	19.43472222	5	0	10

参考文献

刘万才，黄冲，陆明红，等，2016. 近10年我国农作物主要病虫害发生危害情况的统计和分析[J]. 植物保护，42（5）：1-9.

刘万才，陆明红，黄冲，等，2014. 南方水稻黑条矮缩病大区流行规律初探[J]. 中国植保导刊，34（4）：47-52.

刘万才，陆明红，黄冲，等，2014. 南方水稻黑条矮缩病预测预报技术初探[J]. 中国植保导刊，34（4）：40-45.

刘万才，陆明红，黄冲，等，2016. 我国南方水稻黑条矮缩病流行动态及预测预报实践[J]. 中国植保导刊，36（1）：20-26.

刘宇，王建强，冯晓东，等，2008. 2007年全国稻纵卷叶螟发生实况分析与2008年发生趋势预测[J]. 中国植保导刊，28（7）：33-35.

齐会会，2014. "湘桂走廊"水稻两迁害虫的迁飞行为及重要天敌的种群动态研究[D]. 北京：中国农业科学院.

翟保平，程家安，2006. 2006年水稻两迁害虫研讨会纪要[J]. 昆虫知识，43（4）：585-588.

张孝羲，耿济国，周威君，1981. 稻纵卷叶螟迁飞的生态机制研究[J]. 南京农业大学学报，4（4）：40-51.

中华人名共和国国家质量监督检验检疫总局，中国国家标准化管理委员会，2009-3-27，稻飞虱测报调查规范：GB/T 15794—2009[S].

中华人名共和国国家质量监督检验检疫总局，中国国家标准化管理委员会，2011-9-29，稻纵卷叶螟测报技术规范：GB/T 15793—2011[S].

周科标，石磊，周建平，2011. 褐飞虱与拟褐飞虱、伪褐飞虱的识别[J]. 上海农业科技（6）：135.

第七章　稻瘟病监测

水稻是南繁种植面积最大的作物。2017年南繁制种水稻12万亩，约占南繁制种总面积的60%。南繁水稻育种关乎我国水稻生产安全、粮食安全，具有十分重要的意义。2001—2018年我国稻瘟病年均发生面积456万hm²，水稻种植生产过程中最为严重的病害是稻瘟病，威胁水稻安全生产。在南繁区，稻瘟病是水稻育种最重要的病害。对稻瘟病进行调查，监测掌握第一手的病情信息，为其科学防控提供依据，具有十分重要的意义。

第一节　生物学特征

一、病原菌

自然条件下无性态为 *Phyricularia grisea*（Cooke）Sacc，称灰梨孢，属半知菌亚门真菌。有性态为 *Magnaporthe grisea*（Hebert）Barrnov，属子囊菌亚门真菌，自然条件下尚未发现。分生孢子梗不分枝，3～5根丛生，从寄主表皮或气孔伸出，大小（80～160）μm×（4～6）μm，具2～8个隔膜，基部稍膨大，淡褐色，向上色淡，顶端曲状，上生分生孢子。分生孢子无色，洋梨形或棍棒形，常有1～3个隔膜，大小（14～40）μm×（6～14）μm，基部有脚胞，萌发时两端细胞立生芽管，芽管顶端产生附着胞，近球形，深褐色，紧贴附于寄主，产生侵入丝侵入寄主组织内。该菌可分作7群、128个生理小种。

二、症状识别

由于为害时期和部位不同，稻瘟病可分为苗瘟、叶瘟、穗颈瘟、枝梗瘟和谷粒瘟，一般以叶瘟和穗颈瘟为害较大。

1. 苗瘟

秧苗一般在3叶期就会发病，但不产生明显病斑，病苗基部灰黑色，上部变褐，卷缩枯死，湿度大时，基部有大量灰色霉层。

2. 叶瘟

在秧苗3叶期后至抽穗均可发生。叶上产生的病斑因气候条件影响和品种抗性的差异，在形状大小和色泽上都有所不同，分为以下4种类型。

（1）普通型（慢性型）。为常见的典型病斑。最初在叶片上产生褐色或暗绿色小点，逐渐扩大成棱形病斑，外层为黄色晕圈叫中毒部，内层为褐色叫坏死部，中央为灰白色叫崩坏部，病斑两端有向纵脉伸展的褐色线条（坏死线），这是慢性型的重要特征。气候潮湿时，病斑背面产生灰绿色霉层，叶上病斑多时互相愈合形成不规则大小病斑，发病严重时叶片死亡。在田间观察时，特别注意与胡麻叶斑病、水稻缺钾型坐蔸相区别。

（2）急性型。在高温高湿条件下，感病品种的叶片常产生暗绿色近圆形至椭圆形病斑，正反两面都有大量灰色霉层（病菌孢子），这种病斑的出现往往是此病流行的征兆，但天气转晴后，可转变为慢性型病斑。

（3）褐点型。在抗病品种的老叶上，病部仅产生针头大小的褐点，局限于两叶脉间，不产生孢子。此外，叶舌、叶耳、叶枕也可发病，病斑初期呈暗绿色，后变褐色至灰白色。叶枕发病后延及叶梢，产生不规则形的大斑，有时叶梢相邻处因组织被破坏而折断，这些部位发病常可引起节瘟和穗颈瘟的发生。识别叶部各种类型的稻瘟病斑对于准确判断病害发展趋势和开展测报都很重要。

（4）白点型。感病品种的嫩叶感病后，可产生白色近圆形的小白斑，不产生孢子。如果气候条件有利病害流行发展，可迅速扩展成为急性和慢性病斑。根据发生部位又分为节稻瘟，多在抽穗后发生，最初在稻节上产生褐色小点，后逐渐围绕节部扩展，使整个节部变黑腐烂，干燥时病部易横裂折断，发病早影响结实或形成白穗。

3. 穗颈瘟

有时病斑分布在节的一侧，发生干缩后造成茎秆弯曲，在穗颈上初生褐色小点，扩展后可使穗颈变成褐色或黑褐色。发病早而重的可造成白穗，稻穗易从感病穗节处折断，称为烂颈瘟。发病轻时秕谷增多，千粒重降低，影响产量，发病重的田块绝收。

4. 谷粒瘟

发病早，颖壳全部变成灰白色，形成秕谷。发病晚，产生褐色椭圆形或不规则形病斑，严重受害时导致米粒变黑。有的颖壳无症状，但护颖部变褐色，虽不影响结实，但可成为初侵染来源。湿度大时，节、穗、枝梗和谷粒的病部均可产生灰色霉层。

第二节　调查与监测方法

一、苗期叶瘟调查

1. 调查时间

在3～4叶期至移栽大田前3～5d期间，调查1次。

2. 调查田块和调查方法

按品种、生长类型，选择发病轻、中、重的代表类型田，每类型田查3块。采取5点取样法，每点20株，每块田共查100株。以株为单位，调查病株数、严重度、急性型病株数、叶龄期。按附录进行分级。调查结果记入表7-1。

表7-1　苗期叶瘟调查记载

调查日期	地点	秧田类型	品种名称	叶龄期	调查株数	发病株数	发病株率（%）	病株分级				病情指数	急性型		发生面积（亩）	秧田面积（亩）	备注
								0	1	2	3		病株数	病株率（%）			

二、大田叶瘟调查

1. 定点系统调查

（1）调查时间。自插秧后秧苗返青起，至始穗止，每5d调查一次。

（2）调查数量和调查方法。按当地水稻品种的布局状况和生态类型，选择发病条件好、发病较早且有代表性的早播、中播、迟播3类型感病品种稻田各1块，每块不小于300m²，作为系统观测田，在整个观察期内不施用防病药剂。

每类型的每块田于近田埂的第2~3行稻内直线定查5点，每点查10丛稻的绿色叶片。按附录的标准进行分级。调查结果记入表7-2。

表7-2　大田叶稻瘟定点调查记载

调查日期	地点	类型田	品种名称	生育期	调查总叶数	病叶数	病叶率（%）	病叶分级						病情指数	急性型病叶率（%）	备注
								0	1	2	3	4	5			

2. 大田叶瘟普查

（1）调查时间。分别在分蘖末期和孕穗末期查两次。

（2）调查数量和调查方法。按病情程度选择当时田间发病轻、中、重3类型田，每类型田查3块，总田块数不少于20块，每块田查50丛稻的病丛数、5丛稻的绿色叶片病叶率。

采用5点取样法，每点直线隔丛取10丛稻，调查病丛数。每点随机选取一发病稻丛，查清绿色叶片的总叶数和发病叶数。调查结果记入表7-3。

表7-3　大田叶瘟普查记载

调查日期	地点	类型田	品种名称	生育期	病丛率			病叶率			防病情况
					总丛数	病丛数	病丛率（%）	总叶数	病叶数	病叶率（%）	

三、穗瘟调查

1. 定点系统调查

（1）调查时间。从破口开始至蜡熟初期止，每5d调查一次。

（2）调查数量和调查方法。在原叶瘟定点系统调查稻丛内继续观察。病轻年份原定点的稻丛不能明显反映病情趋势时，应从定点处外延扩大到50丛稻进行观察。按附录进行分级。调查结果记入表7-4。

表7-4　穗瘟调查记载

调查时间	地点	类型田	品种名称	生育期	调查总穗数	病穗数	病穗分级						病穗率（%）	病情指数	损失率（%）	备注
							0	1	2	3	4	5				

2.穗瘟普查

（1）调查时间。在黄熟期进行。

（2）调查数量和调查方法。按品种的病情程度，选择有代表性的轻、中、重3类型田，总田块数不少于20块，每块田查50～100丛，采用平行跳跃式或棋盘式取样。调查结果记入表7-4（在备注中注明普查）。

第三节 田间调查监测数据

一、2019年白沙县早稻水稻稻瘟病调查结果

在白沙县营盘洋调查点稻瘟病发生情况如表7-5所示。其中，调查点1号的稻瘟病发病率为64%，病情指数为1.84。2号调查点水稻长势强，发病率为60%，病情指数0.44。3号调查点稻瘟病发病率为96%，病情指数为5.79。力婆洋调查点稻瘟病发生情况如表7-6所示，发病率较低，分别为52%、24%、20%，病情指数分别为0.16、0.05、0.04。子雅洋调查点稻瘟病发生情况如表7-7所示。发病率较高，分别为100%、80%、84%，病情指数分别为6.80、5.40、5.21。因此，建议选用抗病品种、加强田间管理、预防为主、综合防治等措施减少病害的发生，从而提高水稻的产量。

表7-5 白沙县营盘洋水稻病害调查结果

调查点	调查叶片数	调查总株数	感病总株数	发病率（%）	病情指数
1	580	25	16	64	1.84
2	1 551	25	15	60	0.44
3	792	25	24	96	5.79

表7-6 白沙县力婆洋水稻病害调查结果

调查点	调查叶片数	调查总株数	感病总株数	发病率（%）	病情指数
1	1 614	25	13	52	0.16
2	1 535	25	6	24	0.05
3	1 350	25	5	20	0.04

表7-7　白沙县子雅洋水稻病害调查结果

调查点	调查叶片数	调查总株数	感病总株数	发病率（%）	病情指数
1	1 178	25	25	100	6.80
2	1 250	25	20	80	5.40
3	1 320	25	21	84	5.21

二、2019年儋州市早稻稻瘟病调查结果

在儋州市那早洋随机选取了3个田块，开展水稻稻瘟病调查。其中田块1的稻瘟病发病率为80%，病情指数为0.68。田块2的稻瘟病发病率为92%，病情指数为1.56。田块3的稻瘟病发病率为48%，病情指数为0.58（表7-8）。

在长坡洋随机选取了3个田块，开展水稻稻瘟病调查。其中田块1的稻瘟病发病率为88%，病情指数为4.18。田块2的稻瘟病发病率为100%，病情指数为6.39。田块3的稻瘟病发病率为96%，病情指数为4.71（表7-9）。

表7-8　儋州市那早洋水稻病害调查结果

调查点	调查叶片数	调查总株数	感病总株数	发病率（%）	病情指数
1	1 142	25	20	80	0.68
2	1 456	25	23	92	1.56
3	939	25	12	48	0.58

表7-9　儋州市长坡洋水稻病害调查结果

调查点	调查叶片数	调查总株数	感病总株数	发病率（%）	病情指数
1	717	25	22	88	4.18
2	784	25	25	100	6.39
3	593	25	24	96	4.71

参考文献

李光俊，2018. 稻瘟病的识别及防治技术[J]. 云南农业（4）：66-68.

刘万才，2018. 全国农作物重大病虫害历年发生情况及2019年发生趋势[J]. 农药快讯（24）：41-42.

吕青，柯用春，何志军，等，2017. 南繁制种水稻基地现状以及问题分析[J]. 农村经济与科技，28（20）：24-25.

熊飞，2009. 稻瘟病识别与防治[J]. 农药市场信息（15）：47.

中华人民共和国国家质量监督检验检疫总局，中国国家标准化管理委员会，2009-3-27. 稻瘟病测报调查规范：GB/T 15790—2009[S].

第八章　假高粱监测

假高粱（Sorghum halepense），又名石茅、宿根高粱、阿拉伯高粱、约翰逊草、琼生草和亚剌伯高粱。属单子叶植物纲莎草目禾本科蜀黍属。

假高粱适生于温暖、湿润、夏天多雨的亚热带地区，是多年生的根茎植物，能以种子和地下根茎繁殖。在花期，根茎迅速增长，其形成的最低温度是15~20℃，在秋天进入休眠，翌年萌发出芽苗，长成新的植株。每个圆锥花序可结500~2 000个颖果。颖果成熟后散落在土壤里，约85%是5cm深的土中。在土壤中可保持3~4年仍能萌发。新成熟的颖果有休眠期，因此，在当年秋天不能发芽。其休眠期5~7个月，到翌年温度达18~22℃时即可萌发，在30~35℃下发芽最好。地下根茎不耐高温，暴露在50~60℃下2~3d，即会死亡。脱水或受水淹，都能影响根茎的成活和萌发。根茎在0℃以下也会死亡。

假高粱对高温不敏感，对低温敏感。一年中每次成熟的种子都能发芽，种子发芽率最高为43%。尽管假高粱的种子较小（5~7mm），但能从20cm和25cm深度的土中发芽；30%的种子发自20cm的深度，6%发自25cm的深度。假高粱具有繁殖快、分蘖力强的特点，地下根茎置于混凝土地面暴晒3~5d后种植仍能成活。假高粱能忍受高温、低温和浸水的影响，地表50℃的太阳底下暴晒12h移栽仍能萌发成长，根茎浸在水中100h以上能萌发，根茎在-5℃的冰箱中2周后仍能萌发。

假高粱耐肥、喜湿润（特别是定期灌溉处）及疏松的土壤。常混杂在多种作物田间，主要有苜蓿、黄麻、棉花、洋麻、高粱、玉米、大豆等作物。在菜园、柑橘幼苗栽培地、葡萄园、烟草地里也有发生，也生长在沟渠附近、河流及湖泊沿岸。

假高粱地上部分能够抑制小麦、玉米和棉花的种子萌发和幼苗生长，其化感作用强度随浓度升高而增强，其化感活性随时间延长而降低；假高粱能够抑制小麦、玉米、莴苣和棉花种子萌发和幼苗生长，其化感作用强度随浓度升高而增强，随时间的延长而降低；假高粱的芽、根和花序的甲醇提取物可以抗真菌大豆炭腐病，芽的提取物最有效，真菌生物量控制在14%～61%，花序提取物抗真菌活性最差；假高粱影响棉花产量；在水分竞争条件下，假高粱根和根长的增长都影响玉米对水分的利用；假高粱对小麦、棉花、玉米、莴苣等植物的生长发育有不同程度的影响。

第一节　生物学特征

一、形态特征

假高粱为多年生宿根性草本，成株茎秆直立，粗壮，高100～150cm，直径约5mm。地下具匍匐根茎，根茎分布深度一般为5～40cm，最深的可达50～70cm。根茎直径为0.3～1.8cm，一般0.5cm左右。根茎各节除长有须根外，都有腋芽。叶舌膜质，长2～5mm。叶片阔线形至线状披针形，长20～70cm，宽1～4cm，顶端长渐尖，基部渐狭，无毛，中脉白色粗厚，边缘粗糙。圆锥花序疏散，矩圆形或卵状矩圆形，长10～50cm，分枝开展，近轮生，在其基部与主轴交接处常有白色柔毛，上部常数次分出小枝，小枝顶端着生总状花序，穗轴与小穗轴纤细，两侧被纤毛。

小穗孪生，穗轴顶节为3枚共生，无柄小穗两性，椭圆形，长4.8～5.5mm，宽2.6～3mm，成熟时为淡黄色带淡紫色，基盘被短毛，两颖近革质，具光泽，基部、边缘及顶部1/3具纤毛。颖等长或第二颖略长，背部皆被硬毛，或成熟时下半部毛渐脱落，第1颖顶端有微小而明显的3齿，上部1/3处具2脊，脊上有狭翼，翼缘有短刺毛。第2颖舟形，上部具1脊，无毛。第1小花外稃长圆状披针形，稍短于颖，透明膜质近缘有纤毛。第2小花外稃长圆形，长为颖的1/3～1/2，透明，顶端微2裂，主脉由齿间伸出成芒，芒长5～11mm，膝曲扭转，也可全缘均无芒。内稃狭，长为颖之半，有柄小穗较窄，披针形，长5～6mm，稍长于无柄小穗，颖均草质，雄蕊3，无芒。颖果倒卵形，长2.6～3.2mm，宽1.5～1.8mm，棕褐色。顶端钝圆，具宿存花柱。背圆形，深紫褐色。腹面扁平。胚椭圆形或倒卵形，长占颖果的1/3～1/2。

二、生活史

5月中旬以前为苗期，5月下旬至6月中旬为分蘖期，6月下旬至7月初为孕穗期，7月中旬至8月初为抽穗期，8月中旬为扬花灌浆期，10月底以后地上部生长逐渐减慢并停止。根茎和子实繁殖。单株一个生长季节可结28 000粒籽实和生70m长的地下茎。籽实在发育过程中始终包被在两枚颖片内。颖片的颜色由绿变为棕红或棕黑色，标志籽实发育成熟。

假高粱籽实一旦成熟极易脱落，籽实在土壤中保存3～4年仍能萌发，在干燥适温下可存活7年之久。籽实从播种到出苗约需30d时间，营养生长所历时间较由根状茎繁殖的为长。籽实萌发出土形成幼苗，60～70d后进入抽穗开花期，结实延至10月底。其地下茎在15cm以上土层萌芽生长良好，即使在较深土层中也有萌发能力。春季土温15～20℃时，根状茎开始活动，30℃左右发芽，约15d达5叶期。此后叶迅速发育，50d左右植株陆续抽穗开花。假高粱的根状茎4月上旬萌发出土，4月中旬达3叶期，6月以前进行营养生长。6—9月为抽穗开花期，初花期花药为黄色，以后变为橙色。花药开裂由一侧顶端开始，向下至花丝着生处开裂。花粉金黄色，黏性大，易与柱头相粘。

三、分布范围

假高粱起源地为地中海，于20世纪80年代籽实混在进口粮中侵入我国。其籽实的含量，在每千克原粮中有的可高达50粒。以美国、阿根廷、澳大利亚和加拿大的小麦、大豆检出率最高，其次为巴西、阿根廷的大豆和玉米。这些携带有假高粱籽实的粮食，经由连云港、上海等口岸引入，致使假高粱传入到我国华南、华中、华北及西南的局部地区。混有假高粱的原粮，在装卸、转运和加工过程中，假高粱籽实可由震动散落或留存于地脚粮而传播，主要集中在进口港区、车站站台、铁路和公路沿线、粮库附近、粮食加工厂、牧场以及生活区，在荒地、山坡、湿润处、路边、草地、旱作物田有分布。

假高粱分布于全世界除中非、不列颠群岛、北欧、日本和韩国以外的至少58个国家和地区。现已广泛传播到从北纬55°到南纬45°的热带和亚热带地区，已查清的分布范围有亚洲的印度、泰国、菲律宾、伊朗、伊拉克、黎巴嫩、缅甸、约旦等；非洲的南非、摩洛哥、坦桑尼亚；欧洲的法国、瑞士、希腊、意大利、西班牙、波兰、罗马尼亚、俄罗斯等；美洲的美国、加拿大、古巴、巴西、智利、阿根廷等；大洋洲及太平洋岛屿的澳大利亚、新西兰、新几内亚等。我国原记载仅在海南、台湾、香港、广东、福建局部地区有分布。但近年随着我国大量进口粮的传带等原因，现已在广西、海南、江苏、四川、安徽、天津、北京、上海、黑龙江、辽宁、山东、河南、陕西等多地发现假高粱植株。在我国的适宜分布区包括安徽、北京、福建、甘肃、广州、海南、广西、贵州、河北、河南、天津、江苏、上海、江西、山西、陕西、四川、台湾、云南、浙江等省（区、市）的400多个县（市）。可以分布区包括北京、甘肃、广东、黑龙江、吉林、辽宁、内蒙古、宁夏、山西、陕西、四川、新疆等省（区、市）的130多个县（市）。

四、为害特征

假高粱是甘蔗、玉米、棉花、谷类、豆类、果树等30多种作物地里最难防除的杂草。假高粱的大量发生可使甘蔗减产25%～59%，玉米减产12%～40%，大豆减产23%～42%（Arriola，1996）。据Colbert研究，阿根廷大豆田因为假高粱的大量发生每年损失高达30亿；在美国，中耕作物的耕种经常因为假高粱的大量繁殖而被放弃。

假高粱是很多害虫和植物病害的转主寄主，其花粉易与留种的高粱属作物杂交，使产量降低，品种变劣，给农业生产带来极大危害。假高粱根的分泌物或腐烂的叶、茎、根等，能抑制作物籽实萌发和幼苗生长，妨碍农田、果园、茶园的30多种作物生长。假高粱具有一定毒性，苗期和在高温干旱等不良条件下，体内产生氢氰酸，牲畜吃了会发生中毒现象。其繁殖能力非常强，通过籽实和地下发达的根茎繁殖，是世界性的恶性杂草。侵染处，生物多样性明显降低，对本土植物影响较大。假高粱被中国、美国和澳大利亚等国家列为检疫杂草。

五、环境条件的影响

假高粱籽实成熟后从植株上脱落并具有冬季休眠特性，根状茎也具有冬眠特性。籽实春季萌发出土的时间较根状茎萌发为迟。籽实在变温条件下比恒温条件更易萌发。颖片对籽实的萌发具有阻碍作用。GA$_3$和BA具有打破假高粱籽实休眠的作用。在25～35℃、8～16h和光、暗各12h条件下，对于剥去颖片的籽实，GA$_3$以浓度为350×10^{-6}mg/L的效果最为显著，随激素浓度的升高或降低，籽实的萌发率呈下降趋势。BA以200×10^{-6}mg/L浓度效果最为明显，但作用效果不及GA$_3$。GA$_3$能促进籽实的萌发。土壤中的假高粱籽实需要在30℃左右的气温下才能发芽，地下茎形成的最低温度在15～20℃，在-4.5℃时地下茎经24h全部冻死。开花处于高温环境，籽实不发育或发育不成熟，颖片变为草黄色。籽实萌发的最低温度18～22℃，最适温度30～35℃。根茎发芽的最适温度为28℃。适宜在疏松、肥沃的土壤定植，但生长过程中对土壤要求不高，深厚土壤层对其发育有利。

第二节 田间调查数据

一、为害分级

完成了对南繁区假高粱的监测，主要监测区域为旱田、荒地、田间路两侧、田间水渠两岸、试验田与公路或河渠交汇处、南繁规划试验田外河床等地为害严重。为害分级按张国良等（2010）的标准，覆盖度分为6级，适用于农田、林地、草地、环境等生态系统。具体划分标准见图8-1和表8-1。

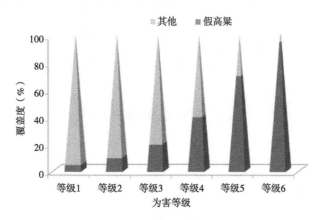

图8-1 假高粱为害分级

表8-1 假高粱为害分级标准

为害等级	发生标准	覆盖度（%）
等级1	零星发生	≤5
等级2	轻微发生	5<覆盖度≤15
等级3	中度发生	15<覆盖度≤30
等级4	较重发生	30<覆盖度≤50
等级5	严重发生	50<覆盖度≤90
等级6	极重发生	90<覆盖度≤100

二、南繁区调查数据

假高粱分布于南繁20万亩核心区域，为害发生程度达到1级的64.76亩分布于近5万亩区域，2级的65亩分布于0.16万亩区域，3级的89.3亩分布于1万亩区域，4级的131亩分布于1.4万亩区域，5级的760.5亩分布于近2万亩区域，6级的260亩分布于0.2万亩区域（图8-2、图8-3）。

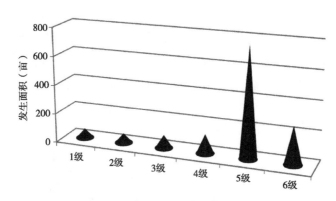

图8-2 不同等级假高粱发生面积

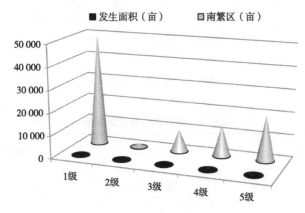

图8-3 假高粱南繁区发生面积

第三节 田间监测数据

假高粱在南繁区大量发生。调查发现它不仅使育种作物的产量下降，而且迅速侵占育种基地，其生长蔓延非常迅速，具有很强的繁殖力和竞争力。假高粱在南繁区呈广泛分布、严重发生态势，已对南繁育种和农业生产造成严重危害。

2020年2—3月开展假高粱监测。实际危害面积以假高粱发生点累计，假高粱植株发生外缘周围100m以内的范围划定为1个发生点（2株假高粱植株距离在100m以内为同一发生点）；划定发生点若遇河流和公路，应以河流和公路为界，其他可根据当地具体情况作适当的调整。发生于农田、果园、湿地、林地等生态系统内的假高粱，其发生面积以相应地块的面积累计计算，或以划定包含所有发生点的区域面积进行计算；发生于路边、房前屋后、绿化带等地点的，发生面积以实际发生面积累计获得或持GPS仪沿分布边界走完一个闭合轨迹后的围测面积；发生在山上的面积以持GPS仪沿分布边界走完一个闭合轨迹后，围测的面积为准，如山高坡陡，无法持GPS走完一个闭合轨迹的，也可采用目测法估计发生面积。

监测区域分布在三亚市海棠湾区藤桥镇、三亚市海棠湾区林旺镇、陵水县椰林镇、陵水县英州镇。

三亚市海棠湾区藤桥镇监测面积105.63亩，假高粱以幼苗为主，部分开花结果（图8-4）；三亚市海棠湾区林旺镇监测面积13.05亩，假高粱以幼苗为主，部分开花结果，其中林旺高速路桥洞边以幼苗为主（图8-5）；陵水县椰林镇监测面积40.47亩，假高粱以幼苗为主，部分开花结果（图8-6）；陵水县英州镇监测面积8.85亩，假高粱以幼苗为主，部分开花结果（图8-7）。

监测面积共计168亩。假高粱的颖果可随播种材料或商品粮的调运而传播，特别易随混有假高粱的商品粮加工后的下脚料传播扩散。在其成熟季节可随动物、农具、流水等传播到新区。以种子和地下茎繁殖。

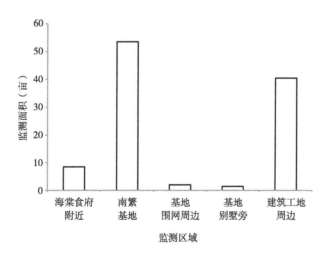

图8-4　三亚市海棠湾区藤桥镇假高粱监测面积

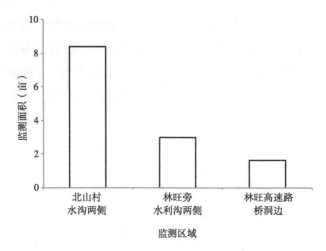

图8-5　三亚市海棠湾区林旺镇假高粱监测面积

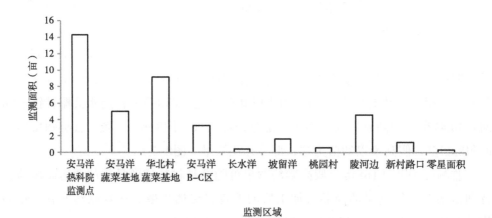

图8-6　陵水县椰林镇假高粱监测面积

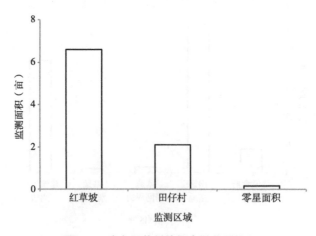

图8-7　陵水县英州镇假高粱监测面积

　　为防止其传入和造成危害，保护南繁生产安全，农业、粮食、外贸、运输各部门要高度重视，各负其责，加强配合，共同努力做好这项工作。防治凡从国外进口的粮食或引进种子，以及国内各地调运的旱地作物种子，要严格检疫，混有假高粱的种子不能播种，应集中处理并销毁，杜绝传播。在假高粱发生地区，应调换没有假高粱混杂的种子播种。有假高粱发生的地方，可在抽穗时彻底将它销毁，连续进行2～3年，即可根除。

　　对假高粱防除作用速度较快的除草剂为草甘膦、草铵膦、敌草快；对假高粱地下根状茎有防除作用的除草剂为草甘膦、高效氟吡甲禾灵、甲嘧磺隆；对假高粱防除持效时间最长的除草剂为甲嘧磺隆，持效期达到60d。假高粱在南繁区域主要分布于试验田之外、疏于管理的区域，调查发现进入南繁试验田的假高粱很少，但进入后带来的危险性很高，既为南繁作业带来了大量的清除困难，又为其以后的繁殖危害留下了严重的后患。位于水渠、路边、田埂或田边的假高粱虽然没有进入试验田，但其所产生的种子能够随风、灌溉水流、交通工具及耕作机械广泛传播，其地下根茎能够向周围延伸，逐渐入侵试验田中去。一个新的入侵种一旦被发现造成重大影响时，它已经在该地区定居，完全消灭已建立种群的入侵种几乎是不可能的。

参考文献

方世凯，冯健敏，梁正，2009.假高粱的发生和防除[J].杂草科学（3）：6-8.

雷军成，徐海根，2011.外来入侵植物假高粱在我国的潜在分布区分析[J].植物保护，37（3）：87-92.

张国良，曹坳程，付卫东，2010.农业重大外来入侵生物应急防控技术指南[M].北京：科学出版社.

张瑞平，詹逢吉，2000.假高粱的生物学特性及防除方法[J].杂草科学（3）：11，14.

第九章 南繁区检疫性虫害的检测技术

第一节 稻水象甲

稻水象甲（*Lissorhoptrus oryzophilus* Kuschel），又名稻水象、稻根象，属鞘翅目象甲科水象甲亚科稻水象甲属害虫。稻水象甲为全国二类检疫性害虫，原产北美洲。

一、分布

19世纪后半叶，密西西比河流域的阿肯色、密西西比、路易斯安那和得克萨斯等州开始大规模种植水稻，此时稻水象甲成为水稻上的重要害虫，并向南蔓延至墨西哥、古巴等地。1959年入侵美国的萨克拉门流域。截至目前，稻水象甲在整个美国水稻种植区已经非常普遍。20世纪70年代初，孤雌生殖型稻水象甲传入亚洲。1988年我国首次在河北省唐海县发现稻水象甲，截至2013年，稻水象甲在北京北部、天津、河北以及山东均有分布，到南也扩展到了浙江、安徽、福建及我国台湾等地。据有关文献报道，江苏、广东以及广西也发现了稻水象甲，目前已扩散到辽宁、吉林、湖南、四川、贵州等地及湖北部分地区。稻水象甲的传播非常快，对作物造成了非常严重的为害。

二、形态特征

稻水象甲成虫体长3~4mm，宽约1.5mm，体表被覆淡绿色至灰褐色鳞片，新羽化成虫深黄色，具金属光泽，田间新生成虫背侧或足上通常带泥。从前胸背板的端部到基部，有1个由黑色鳞片组成的大口瓶状的暗斑。触角赤褐色、膝状，索节6节，第1节大，第2节长，第3~6节球状，棒基部无毛，具金属光泽，端部1/3密生细毛。卵呈长肾形，圆柱形居多。在水稻叶鞘内侧组织沿叶脉方向纵排分散，其他部位分布较少，长约0.8mm，初产为无色至乳白色，至孵化时变黄且多呈圆柱形。幼虫为无足型白色。1～2龄幼虫较细小，足突不明显，其1龄幼虫在根部极少见，3～4龄幼虫较大，足突明显，而4龄幼虫长宽比小，显得肥胖或粗壮。幼虫在土茧中化蛹，土茧长约5mm，卵圆形，表面光滑，着生于稻根中部或被咬断的稻根末端，单生或2～6个着生于稻根某一位置附近，预蛹或蛹乳白色，至羽化时蛹浅黄，大小与成虫相似。

三、生物学特性

稻水象甲繁殖能力强，寄主范围广，传播途径多，具有抗逆性和趋光性等特点。稻水象甲食性杂，寄主广，可取食水稻、玉米等作物和稗草、茅草等禾本科、莎草科、灯心草科、泽泻科、鸭趾草科等9科31种杂草，但主要为害水稻，成虫啃食稻叶，幼虫取食稻根。成虫寿命达300d以上，能以滞育与休眠方式越冬或越夏。生殖方式为孤雌生殖，即一头成虫就能繁衍下一代。成虫能借助风力和水流传播，并能主动飞翔扩散，也可通过秧苗、稻谷、稻壳及其他寄生植物的运输，实现人为传播。南方一年发生2代，成虫在田边、草丛、树木落叶层中越冬。翌年成虫开始取食杂草叶片或栖息在水稻植株基部，早晨或黄昏时爬至叶片采食，造成叶片发白，启齿斑呈现"1"形。成虫产卵于植物组织内，产卵期1个月，产卵量50～100粒，卵期6～10d。稻水象甲幼虫取食叶肉1～3d后落入水中，蛀入根内为害，幼虫期30～40d。老熟幼虫附于根际，营造卵形土茧后化蛹，蛹期7～14d。一旦幼虫大量为害，水稻植株呈现黄化枯萎现象。

四、监测方法

1. 未发生区

采取问、查、诱、检4步骤，密切监测有无传入本区域。

（1）问。访问调查，进村入户仔细询问。

（2）查。结合访问调查，在秧田期、分蘖期、破口期进行踏查，目测查找有无成虫、幼虫的典型为害状及成虫、幼虫虫体。一旦发现可疑症状，立即进行现场诊断或取样送室内鉴定。

（3）诱。利用黑光灯、杀虫灯诱集成虫。

（4）检。按照操作规程开展产地检疫和调运检疫。

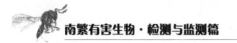

2. 发生区

根据作物生育期做好系统监测，包括越冬调查、秧田期调查和大田期调查。

（1）越冬期监测调查。越冬调查年前1次，年后从3月初至秧田揭膜前调查1~2次，在稻田附近的山坡荒地、田埂、沟渠等越冬场所，寻找成虫取食斑。发现取食斑后采用棋盘式取土表0~5cm土壤样品，取5点，每点不少于0.1m²，用10目筛网过筛后检查是否有成虫及虫口密度。

（2）秧田期监测调查。监测时间从秧苗3叶期至拔秧，每周调查1次。监测点设置在具有代表性的早、中、晚播类型秧田田块。采用目测法，随机5点取样，每点调查0.1m²，调查结果折算成每平方米虫量。

（3）大田期监测调查。监测时间从水稻移栽返青后至收割，每2周调查1次。监测点设置在具有代表性的早、中、晚播类型稻田田块。

成虫监测：主要观察稻叶及稻田中、田埂边杂草上是否有成虫取食斑及成虫。采用目测法，随机5点取样，每点调查5丛，统计成虫数量，调查结果折算成百丛虫量。

幼虫和蛹监测：随机5点取样，每点挖取稻株5丛，置于60目的铁筛中，用水洗去泥土，查清稻根及铁筛中的幼虫及土茧数量，调查结果折算成百丛虫量。

（4）灯光诱集。3月中旬至8月下旬在稻水象甲重点区域设置黑光灯或黑光灯与日光灯的组合灯诱集成虫，日落前2h开灯，翌日日出前关闭，监测成虫消长规律。

第二节　马铃薯甲虫

马铃薯甲虫［*Leptinotarsa decemlineata*（Say）］，别名科罗拉多马铃薯甲虫，简称科罗拉多甲虫或马铃薯叶甲，属鞘翅目，叶甲科，是国际公认的毁灭性检疫害虫，也是我国对外重大检疫对象和重要外来入侵物种之一。

一、分布

马铃薯甲虫于1811年首次在美国西部被发现。马铃薯甲虫在世界上主要分布于美洲北纬15°~55°，以及欧亚大陆北纬33°~60°，包括亚洲的哈萨克斯坦、吉尔吉斯斯坦、土库曼斯坦、格鲁吉亚、亚美尼亚、伊朗、土耳其；欧洲的丹麦、芬兰、瑞典、拉脱维亚、立陶宛、俄罗斯、白俄罗斯、乌克兰、摩尔达维亚、波兰、捷克、斯洛伐克、匈牙利、德国、奥地利、瑞士、荷兰、比利时、卢森堡、法国、西班牙、葡萄牙、意大利、保加利亚、希腊；美洲的加拿大、美国、墨西哥、危地马拉、哥斯达黎加、古巴及非洲的利比亚。可适生地区包括美洲中部和南部的大部分地区，非洲北部、中部和南部，澳大利亚的大部分地区以及亚洲的大部分地区，其中包括马达加斯加、小亚细亚、巴基斯坦、印度、孟加拉国、尼泊尔以及中国东部。20世纪80年代，马铃薯甲虫入侵到了亚洲的中部，威胁到了我国的新疆地区。1993 年5月在新疆伊犁地区的霍城县、察布查尔县和塔城地区的塔城市3地首次发现马铃薯甲虫。目前，马铃薯甲虫在我国新疆的分布分为4个区域，分别是伊犁河谷地区、天山北坡地区、塔城地区和阿勒泰地区。截至2019年6月20日，根据我国农业农村部发布的植物检疫行政区，马铃薯甲虫分布在我国3个省（区、市）的45个县（市、区）。

二、形态特征

马铃薯甲虫是一种全变态昆虫，其一生中有成虫、卵、幼虫和蛹4种虫态。

1. 成虫

体长9～12mm，宽6～7mm，椭圆形，背面隆起，雄虫小于雌虫，背面稍平，体橙黄色，头、胸、腹部具黑斑点，鞘翅浅黄色，每个翅上有5条黑色条纹，两翅结合处构成1条黑色斑纹，头部具3个斑点，眼肾形黑色，触角细长11节，长达前胸后角，前胸背板有斑点10多个，中间2个大，两侧各生大小不等的斑点5个，腹部每节有斑点4个。雄虫最末端腹板比较隆起，具一凹线，雌虫无此特征。

2. 卵

椭圆形，顶部钝尖，初产时鲜黄，后变为橙黄色或浅红色。卵长1.5～1.8mm，卵宽0.7～0.8mm。卵主要产于叶片背面，多聚产呈卵块，15～60粒，平均卵粒数为32粒。卵粒与叶面多呈垂直状态。

3. 幼虫

分为4个龄期。幼虫的体长×头宽分别为1龄（3.20～2.10）mm×（0.67～0.5）mm，2龄（5.60～4.40）mm×（1.00～0.84）mm，3龄（9.10～7.70）mm×（1.50～1.17）mm，4龄（15.40～12.40）mm×（2.50～2.17）mm，1龄、2龄幼虫暗褐色，3龄以后逐渐变鲜黄色、粉色或橙黄色。1龄、2龄幼虫头、前胸背板骨片及胸、腹部的气门片暗褐色和黑色，3龄、4龄幼虫色淡，腹部膨胀隆起呈驼背状，头两侧各具瘤状小眼6个和具3节的短触角1个，触角稍可伸缩，腹部两侧各有2排黑色斑点。

4. 蛹

离蛹，椭圆形呈尾部略尖，体长9～12mm，宽6～8mm，橘黄色或淡红色。老熟幼虫在被害株附近入表土中化蛹，黏性土壤化蛹主要集中在1～5cm，沙性化蛹土壤主要集中在1～10cm。

三、生物学特性

根据新疆对马铃薯甲虫发生规律，马铃薯甲虫以成虫在寄主田越冬，深度6～30cm，主要分布在11～20cm土层（91.2%），在新疆发生区，一年发生1～3代，以2代为主。一般越冬代成虫于5月上中旬出土，成虫出土取食3～5d后交尾、交尾2～3d后产卵。卵期5～7d，幼虫孵化后开始取食，幼虫共4龄，15～34d。4龄幼虫末期停止进食，在被害植株附近深1～10cm的土层内化蛹，蛹期10～24d。马铃薯甲虫的卵、幼虫及蛹的发育期一般随着温度升高而缩短。由于该虫世代重叠十分严重，世代发育一般需要30～50d。

四、监测方法

1. 调查监测

针对我国马铃薯甲虫的发生情况，监测时期分别是在寄主植物生长期（苗期或开花期）、生长盛期（块茎膨大期）和收获前期，监测地点主要是在马铃薯甲虫寄主植物种植分布区，以及农产品运输、储藏、加工场所和周围地区，无论发生区还是非发生区，以贸易口岸为中心，半径为50km的区域内和沿边境线以内30km的地区展开调查。每年定点调查2次，第一次是在越冬代成虫出土后（5—6月），第二次是在越冬代成虫入土前（7—8月）。根据马铃薯甲虫的为害特征进行田间调查。监测区采取对角线式或棋盘式取样方法取样。监测区内4hm²以下地块取10个调查点，每个点调查10株；4hm²以上地块取20～40个调查点，每个点调查10株。记录每株植物上马铃薯甲虫卵（卵块数量）、幼虫和成虫数量，未发生区和发生区监测点数量按寄主植物分布区，以县级行政区域为单位设立4～10个监测点。在未发生区若发现疑似虫体，立即做好标记，记录调查情况，扩大调查范围（半径10km），将疫情及时上报，并采用应急扑灭和封锁技术，有效控制马铃薯甲虫的为害和传播扩散。

2. 遥感技术

遥感技术用于昆虫监测具有很多优势，如观测更为宏观、监测更具动态性、获得数据信息更丰富等。实际上，已经有很多专家学者利用遥感技术成功地监测林业病虫害，例如东亚飞蝗、小麦条锈病等。因此，采用遥感技术对马铃薯甲虫为害程度和状况进行实时监测，对早期预警很重要。

遥感技术又细分为多种技术。地面光谱测量是通过便携式光谱仪对马铃薯作物进行地面测量，将受害马铃薯与健康马铃薯的光谱反射率相对比，通过受害作物在相应波谱范围内的光谱特征，得到其受害程度。研究显示在736～920nm这一波段内，马铃薯受害程度与其冠层光谱反射率相关性最大，因此在计算时该波段可作为敏感波段优先选取。QuickBird是一种高空间分辨率的多光谱图像检测技术，利用RGI（红绿反射比）能成功地将受害区域和健康区域分开，并将健康和受害区域的总像元数进行比较分析，目前已经成功地用于监测受马铃薯甲虫为害后的马铃薯地块。中分辨率成像光谱仪（MODIS）是一种中等分辨率传感器，该技术是通过分析比较受害前后区域的MODIS-NDVI变化，得知虫害的面积和程度，以及反演地表温度、湿度和寄主植被分布等马铃薯甲虫的适宜环境因子，来分析推断马铃薯甲虫在我国大陆各地区发生的可能性。小型传感器无人机系统（sUAS）在害虫监测方面有很大进展，该技术是基于像素的NDVI阈值，对目标的图像分析和植物高度来判断早期马铃薯甲虫造成的损伤程度。有研究在试验区内建立了马铃薯甲虫的不同种群，在其整个生长期内对其进行监测，获得一系列可见的近红外图像，通过计算和比较叶面积、冠层生物量以及探测效率，结果表明，该技术方法能够在马铃薯甲虫的监测管理中具有早期监测和降低成本的潜力。

3. 基于信息化学物质的诱捕监测技术

国内外关于马铃薯甲虫聚集信息素、植物源引诱剂以及驱避剂方面的研究和应用报道很多。研究显示，马铃薯叶片对马铃薯甲虫具有很强的引诱力。Visser等（1979）通过连续真空蒸汽蒸馏和冷冻浓缩，提取分离了马铃薯的挥发性化合物，其主要成分是反式-2-己烯-1-醇、1-己醇、顺式-3-己烯-1-醇、反式-2-己烯醇、芳樟醇，这些化合物能够引起马铃薯甲虫的嗅觉反应。Dickens（1999）首先发现了马铃薯甲虫聚集素，该聚集素的结构是一种单一对映体，（S）-1, 3-二羟基-3, 7-二甲基-6-辛烯-2-酮。李源等（2010）用7种挥发物单体、8种挥发物混合物，以及马铃薯甲虫聚集素对马铃薯甲虫进行了行为试验，根据田间的诱集结果，芳樟醇+水杨酸甲酯+顺乙酸-3-己烯酯+马铃薯甲虫聚集素4种化合物混配后，对马铃薯甲虫的引诱效果最好，这些都为马铃薯甲虫的田间诱集监测提供了基础。2002年，Dickens公开了马铃薯甲虫的引诱剂和趋避剂的配方。利用引诱剂和趋避剂可以对马铃薯甲虫进行监测（表9-1）。

表9-1　马铃薯甲虫的引诱剂和趋避剂

序号	引诱剂	趋避剂
1	（Z）-3-己烯基乙酸，（±）-芳樟醇，壬醛，水杨酸甲酯	（Z）-3-己烯-1-醇
2	（Z）-3-己烯基乙酸，（±）-芳樟醇，水杨酸甲酯	（E）-2-己烯-1-醇
3	（Z）-3-己烯-1-醇，（E）-2-己烯-1-醇，（±）芳樟醇	（±）芳樟醇
4	（Z）-3-己烯基乙酸，水杨酸甲酯	壬醛
5	（Z）-3-己烯基乙酸，（±）芳樟醇	水杨酸甲酯
6		β-丁香烯

第三节　扶桑绵粉蚧

扶桑绵粉蚧（*Phenacoccus solenopsis* Tinsley），属半翅目蚧总科粉蚧科绵粉蚧亚科绵粉蚧属。扶桑绵粉蚧是一种外来入侵害虫，具有繁殖能力强、扩散迅速、为害严重的特点。2009年2月3日农业部、国家质检总局联合发布的第147号公告中将此虫列入《中华人民共和国进境植物检疫性有害生物名录》，为第436种检疫性有害生物。

一、分布

扶桑绵粉蚧最早发现于美国，分布在墨西哥、危地马拉、巴西、智利、阿根廷、尼日利亚、巴基斯坦、印度、泰国和中国台湾等20多个国家和地区。2008年在广东省局部地区发现检疫性有害生物——扶桑绵粉蚧后，各地植检人员迅速展开调查。直至目前，在广东省的珠海、深圳、东莞、汕头、佛山、韶关、梅州、中山、清远、肇庆、江门等地区，福建省的福州、莆田、泉州、厦门、三明、漳州地区，海南省的海口、三亚地区，广西壮族自治区的南宁、钦州、崇左、来宾、玉林地区，湖南省的长沙、岳阳、湘潭地区，浙江省的杭州、金华地区，江西省的赣州、九江地区，四川省的攀枝花地区，云南省的西双版纳、丽江、文山、楚雄地区等地都发现了该检疫性害虫。

二、形态特征

1. 雌成虫

扶桑绵粉蚧一般依据雌成虫外部形态进行初步识别。雌成虫表皮柔软，体背被有白色薄蜡粉，在体节分节处蜡粉少或无，显出皮层的颜色，腹面蜡粉很薄，周缘通常还有放射状蜡突。足红色，通常发达，可以爬行。腹脐黑色。被有薄蜡粉，在胸部可见0~2对、腹部可见3对黑色斑点。体缘有蜡突，均短粗，腹部末端4~5对较长。除去蜡粉后，在前、中胸背面亚中区可见2条黑斑，腹部1~4节背面亚中区有2条黑斑。该种与石蒜绵粉蚧（*P.solani*）非常相似，扶桑绵粉蚧活虫体与石蒜绵粉蚧的区别特征在于扶桑绵粉蚧雌成虫背部具成对的黑斑或黑纹，而石蒜绵粉蚧背面白色均匀。

2. 雄成虫

体微小，红褐色，长1.4~1.5mm。触角10节，长约为体长的2/3。足细长，发达。腹部末端具有2对白色长蜡丝。前翅正常发达，平衡棒顶端有1根钩状毛。

3. 卵

卵圆形，浅黄色，扁平。

三、生物学特性

扶桑绵粉蚧繁殖能力强，营兼性孤雌生殖，年发生世代多且重叠。常温下世代长25~30d。在巴基斯坦旁遮普地区该虫一年发生12~15代。雌虫产卵于卵囊中，单头雌虫平均产卵400~500粒，每个卵囊包含150~600粒卵。卵期很短，孵化多在母体内进行，因而产下的是小若虫，属于卵胎生。绝大部分卵最终发育为雌虫。卵历期为3~9d，若虫历期22~25d，1龄若虫历期约6d，行动活泼，从卵囊爬出后短时间内即可取食为害，2龄若虫约8d，大多聚集在寄主植物的茎、花蕾和叶腋处取食，3龄若虫需要约10d，虫体明显披覆白色绵状物，该龄期的第7天开始蜕皮，并固定于所取食部位。成虫整个虫体披覆白色蜡粉，似白色棉籽状群居于植物茎部，有时发现群居于寄主叶背。在冷凉地区以卵或其他虫态在植物上或土壤中越冬，在植株上或者土壤里以卵在卵囊中或其他虫态越冬。气候条件适宜可终年活动和繁殖。

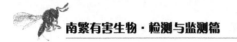

四、监测方法

1. 检验检疫措施

检疫部门严格禁止从印度、巴基斯坦等国输入扶桑绵粉蚧的寄主植物，包括向日葵、茄子、南瓜、大戟、羽扇豆、蜀葵、酸浆、马缨丹等的苗木、植株和叶片等。各级农业、林业行政主管部门及其所属的植物检疫机构按照职责分工依法对扶桑绵粉蚧实施检疫措施。相关单位和个人应当配合农、林植物检疫机构做好扶桑绵粉蚧的检疫和控制工作。特别是从疫情发生区调运扶桑（朱槿）、棉花等扶桑绵粉蚧寄主植物及可能传带扶桑绵粉蚧植物产品、包装物品时，必须切实强化植物检疫措施。对普查发现害虫的扶桑等，采取果断灭虫措施，对所有扶桑绵粉蚧为害的植株（花卉、蔬菜、棉花等）进行药剂处理。

2. 调查

扶桑绵粉蚧主要以雌成虫和若虫吸食寄生在植物的幼嫩部位，调查时首先检查重要寄主植物扶桑、棉花及南瓜、番茄、茄子等蔬菜的幼嫩枝、嫩叶和幼芽，看有无白色蜡粉，再仔细寻找虫体，找到虫体后，根据其形态鉴别特征，看是否为粉蚧，仔细观察虫体背面，是否有黑斑。如发现疑似扶桑绵粉蚧，可将粉蚧浸泡在盛有75%酒精的小瓶内送检，并加注标签写明采集地点、采集寄主、采集部位、采集时间、采集人等。

第四节　番茄潜叶蛾

番茄潜叶蛾［*Tuta absoluta*（Meyrick）］，属鳞翅目麦蛾科，又名番茄麦蛾、番茄潜麦蛾、南美番茄潜叶蛾，严重为害多种茄科作物，是最具毁灭性的世界检疫性害虫，严重发生地块番茄减产80%～100%，该虫主要借助农产品的贸易活动进行远距离传播扩散。

一、分布

番茄潜叶蛾原产于南美洲的秘鲁（中部高地），20世纪60年代扩散到拉美国家。2006年底，该虫传入欧洲并首次在西班牙东部的瓦伦西亚省被发现。截至2017年，番茄潜叶蛾已在全世界的85个国家和地区发生（以及在22个国家和地区疑似发生）：南美洲的阿根廷、玻利维亚、巴西、巴拉圭、智利、哥伦比亚、厄瓜多尔、秘鲁、乌拉圭、委内瑞拉10个国家，欧洲的西班牙（包括巴利阿里群岛）、奥地利、阿尔巴尼亚、波黑、保加利亚、比利时、德国、俄罗斯（南部）、法国、荷兰、黑山、捷克、克罗地亚、科索沃、立陶宛、马耳他、葡萄牙（包括亚速尔群岛）、罗马尼亚、塞尔维亚、塞浦路斯、斯洛文尼亚、瑞士、乌克兰、希腊（包括克里特岛）、匈牙利、意大利、亚美尼亚、英国（包括英属格恩西）28个国家，非洲的阿尔及利亚、埃及、埃塞俄比亚、博茨瓦纳、布基纳法索、厄立特里亚、弗得角（圣地亚哥岛）、肯尼亚、利比亚、卢旺达、马约特岛、摩洛哥、莫桑比克、南非、纳米比亚、尼日尔、尼日利亚、塞内加尔、加那利群岛（西班牙属）、苏丹、坦桑尼亚、突尼斯、乌干达、赞比亚24个国家和地区，中美洲的巴拿马和加勒比海的哥斯达黎加，以及亚洲的阿富汗、巴林、孟加拉国、格鲁吉亚、印度、伊朗、伊拉克、以色列、约旦、科威特、黎巴嫩、尼泊尔、卡塔尔、沙特阿拉伯、土耳其、土库曼斯坦、阿联酋、叙利亚、也门和吉尔吉斯斯坦20个国家。2017年8月，在我国新疆维吾尔自治区伊犁哈萨克自治州一露地种植的番茄上发现一种鳞翅目昆虫，经鉴定为新入侵中国的外来害虫——南美番茄潜叶蛾。

二、形态特征

成虫体长6~7mm，翅展8~10mm，体色为浅灰色或灰褐色，鳞片银灰色，触角丝状，下唇须发达，向上翘弯，足细长，触角、下唇须和足均具有灰白色与暗褐色相间的横纹。

幼虫分为4个龄期。初孵幼虫为奶白色或淡黄白色，头部为淡棕黄色，体长0.4~0.6mm，2龄幼虫淡绿色或淡黄白色，3龄和4龄幼虫绿色，或背部淡粉红色（依取食的寄主部位及发生时期变化），头部棕黄色，前胸背板棕黄色，后缘具有棕褐色斑纹。

三、生物学特性

在南美洲，番茄潜叶蛾每年发生10~12代。成虫主要将卵产在植株上部叶片的背面、正面或嫩茎上，少部分产在幼果和果萼上，散产或2~3粒聚产。在温度26~30℃、相对湿度60%~75%的条件下，卵经过5~7d孵化为幼虫，幼虫发育历期约为20d。幼虫老熟后吐丝下垂，主要在土壤中化蛹，入土深度1~2cm，亦可在潜道内、叶片表面皱褶处或果实中化蛹，且常常结一层薄薄的丝茧。雌性蛹的发育历期为10~11d，雄性为11~13d，同一天化蛹的雌虫和雄虫，通常雌虫先羽化，在实验室条件下，成虫可以存活30~40d。在地中海盆地，成虫周年可见，雌虫和雄虫寿命分别为10~15d和6~7d。成虫多在黄昏活动，雌虫羽化1~2d后即可释放性信息素吸引雄虫前来交配，上午7—11时为交配盛期，雌虫一天只能交配1次，一生可以交配6次，每次交配持续4~5h，而室内交配次数较多，平均为10.4次，交配持续时间也从几分钟到6h不等。雌虫繁殖力比较强，一生最多产卵约260粒，第一次交配后的前7d是其产卵高峰期，约占总产卵量的76%。

四、监测方法

1. 诱虫灯监测调查

将诱虫灯置于选定的监测点附近的开阔地，高度在1.5~2.5m，灯间距200m以上，成虫羽化盛期前后各15d开灯，每天记录诱虫量。

2. 性诱剂监测调查

番茄潜叶蛾性诱监测可用桶状和船状诱捕器（适合林区、机场、港口等环境）或粘胶板诱捕器（适合风沙小或较封闭环境），自成虫羽化前7~10d开始悬挂，悬挂高度1.5~2.5m，诱捕器间距一般在200m以上，诱捕器应挂在不被遮挡的地方，避免人为干扰或破坏。每天观察诱捕情况，20d或根据诱捕器使用要求按时更换一次诱芯。

3. 卵期监测调查

选择具有代表性的踏查路线，发现有番茄潜叶蛾发生，设立临时标准地进行详查。

参考文献

郭文超，吐尔逊，程登发，等，2014. 我国马铃薯甲虫主要生物学、生态学技术研究进展及监测与防控对策[J]. 植物保护，40（1）：1-11.

孙汝川，毛志农，1996. 稻水象甲[M]. 北京：农业出版社.

王琳，杨晓朱，2010. 入侵害虫扶桑绵粉蚧生物学、危害及防治技术[J]. 环境昆虫学报，32（4）：561-564.

王玉晗，于昕，石旺鹏，等，2019. 马铃薯甲虫发生及监测技术研究进展[J]. 植物检疫（6）：1–13.

吴定发，李迎红，杨奇志，等，2011. 扶桑绵粉蚧在中国的研究现状及其防治[J]. 作物研究，25（3）：295–298.

张桂芬，刘万学，万方浩，等，2018. 世界毁灭性检疫害虫番茄潜叶蛾的生物生态学及危害与控制[J]. 生物安全学报，27（3）：155–163.

张桂芬，马德英，刘万学，等，2019. 中国新发现外来入侵害虫——南美番茄潜叶蛾（鳞翅目：麦蛾科）[J]. 生物安全学报，28（3）：200–203.

第十章 南繁区检疫性病害的检测技术

第一节 水稻细菌性条斑病

一、概述

1. 分布

水稻细菌性条斑病是《中华人民共和国进境植物检疫性有害生物名录》（2007年）中的检疫性有害生物之一，目前国内受害病区已超过11个省。欧洲和地中海国家植物保护组织（EPPO）的A1类检疫性有害生物。目前分布于热带亚洲地区、西非和澳大利亚等地。

主要寄主是水稻（*Oryza sativa*），其他寄主包括稻属（*Oryza* spp.），李氏禾属（*Leersia* spp.）、丝千金子（*Leptochloa filiformis*）、圆果雀稗（*Paspalum orbiculare*）、菱白（*Zizania aquatica*）、沼生菰（*Zizania palustris*）和结缕草（*Zoysia japonica*）。

2. 症状识别

整个水稻生育期的叶片均可受害。病菌进入气孔在叶片薄壁组织内繁殖，主要感染叶片薄壁组织细胞，局部侵染。病斑初呈暗绿色水渍状半透明的小点，渐形成叶脉间透明条斑，多局限在叶脉之间延伸，颜色由黄褐转橙褐色，这种透明条斑与白叶枯病的不透明症状差异明显。病斑上常泌出许多露珠状的蜜黄色菌脓。病情严重时，许多条斑融合、连接在一起，成为不规则的黄褐色至枯黄色斑块，此时病叶枯萎，变褐，最后死亡，后期的症状与白叶枯病有些相似。

3. 病原及生物学特性

水稻细菌性条斑病是由水稻黄单胞菌条斑病致病性型（*Xanthomonas oryzae*

pv. *oryzicola*）侵染引起，该病原菌属细菌界，变形细菌门，γ-变形细菌纲，黄单胞菌目，黄单胞菌科，黄单胞菌属。

病菌为革兰氏染色阴性，短杆状，大小（0.4~0.6）μm×（1.1~2.0）μm；无芽孢和荚膜，菌体外由黏质的胞外多糖包围；单生，很少成对，不呈链状；极生鞭毛一根。最适生长温度25~28℃，生长温限8~38℃。

病田收获的种子、病残株带病菌，为下季初侵染的主要来源。病粒播种后，病菌侵害幼苗的芽鞘和叶梢，插秧时又将病秧带入本田，主要通过气孔侵染。在夜间潮湿条件下，病斑表面溢出菌脓。干燥后成小的黄色珠状物，可借风、雨、露水、泌水叶片接触和昆虫等蔓延传播，也可通过灌溉水和雨水传到其他田块。远距离传播通过种子调运。

二、检测方法

1. 传统检测技术

（1）产地检验。在国内调种引种前，尽量到产地做实地考察，尤其是在孕穗抽穗期，对繁种田块做产地检验，十分有效且完全必要。

（2）育苗生长观察法。将种子播种在田间或温室中，然后记载幼苗发病情况，或者将种子置于吸水纸或培养皿中的水琼脂上，然后在解剖镜下观察新生叶的症状。范怀忠等（1965）盆栽和大田试验，种植病田种子均观察到病害的发生。

（3）直接分离法。利用选择性或半选择性培养基分离带菌材料中的病原细菌，阻止或减缓非病原菌对目的菌的影响，或使目的菌落表现出某些特征。已有很好的选择性培养基对一些病原菌进行选择性分离，如高糖培养基、金氏B培养基、NSCA、NSCAA、BSCAA等。但大多数种传病原细菌还缺乏有效的选择性和半选择性培养基，且大多数选择性培养基对种传细菌的分离回收率很低。由于水稻黄单胞菌（*Xanthomonas oryzae*）生长速度缓慢，与其他腐生菌竞争力弱，尚未找到一种理想的选择性培养基。Ming等（1991）报道了一种半选择性培养基XOS，从种子上分离黄单胞菌（*Xanthomonas* spp.）的效果较好，可用于水稻黄单胞菌的分离。

（4）噬菌体检测。在植物病原细菌学中，噬菌体主要用于病原菌的检测、鉴定和细菌病害的流行预测。许志刚等（2003）研究表明，用多株指示菌检测条斑病种子样品可减少由于噬菌体的专化性造成的漏检。

（5）致病性测定。将带菌材料的浸出液经浓缩后接种到感病的寄主植物上，在适宜的环境条件下观察症状的有无，根据症状的有无判断所测材料是否带菌。谢关林（1991）报道了离体检测法检测水稻条斑病菌。致病性测定法简单易行，在适合发病的季节中，只要有感病的寄主材料就能完成试验，所得结果完全可以排除血清学方法中容易产生的假阳性现象。

2. 血清学检测技术

最常用的血清学方法有试管凝集法、奥氏双扩散法（ODD）、酶联免疫吸附测定（ELISA）、免疫荧光法（IF）和免疫分离法等。

方中达（1957）研究了水稻条斑病菌、白叶枯病菌和李氏禾条斑病菌的血清学差异，发现水稻条斑病菌有其独特的血清学特异性。

王公金等（1988）研究了应用免疫放射检测法对水稻细条病菌进行快速检测，该方法的检测灵敏度为$10^2 \sim 10^3$个细胞/mL，制备的抗体除了与白叶枯病菌有交叉反应外，与其他病原菌的交叉反应极其轻微。并利用该方法对种子带菌率及种子带菌部位进行了检测。谢关林等（1990）研究了利用免疫放射分析法检测种子带菌情况，该方法的最小检测灵敏度为10^3个细胞/mL，制备的抗体与白叶枯病菌和柑橘溃疡病菌有轻微的交叉反应，与其他细菌均无交叉反应，并认为该方法比较稳定，特异性强，速度快。

ELISA和IF经常用于稻种上水稻白叶枯病菌（*Xanthomonas oryzae* pv. *oryzae*）和细菌性条斑病菌（*Xanthomonas oryzae* pv. *oryzicola*）的检测。易建平（2011）通过试验认为，微波ELISA比常规ELISA检测条斑病菌更为快速，可缩短反应时间4~6h。ELISA和IF灵敏度高，快速并易观察，可进行定性定量测定，适于大批量样品的检测。在检测植物病原细菌时，IF的灵敏度比ELISA要高，前者为10^3CFU/mL，后者为10^4CFU/mL；同时在定性检测方面，IF比ELISA表现出操作更简便、更灵敏快速的优点。

电镜水平的免疫金染色（IGS）和光镜水平的免疫金银染色（IGSS）是目前比较理想的免疫定位方法。IGS和IGSS具有特异性强、灵敏度高、定位准确和具有双重标记功能等优点。冯家望等（1994）利用IGS与IGSS结合，对水稻病种内的水稻细菌性条斑病菌进行了组织免疫定位和定量研究，取得了良好效果。

免疫分离法是一种新型的、灵敏度高、特异性强、便捷准确的种苗带菌检验法，它结合了利用专化性抗血清的选择法吸附作用和活细菌可形成菌落的两方面的优点，从种苗材料中分离到目标细菌。已成功应用于稻种上白叶枯病菌和条斑病菌的检测。胡白石（1998）首次利用混合纤维素膜作固相材料建立了膜上免疫分离法（IIM），并应用于水稻白叶枯病菌和条斑病菌的检疫检测，IIM的应用使免疫分离技术得到了发展。

3. PCR检测技术

聚合酶链式反应（Polymerase Chain Reaction，PCR）是20世纪80年代中期发展起来的体外核酸扩增技术，应用该技术可以非常简便快速地从微量生物材料中以体外扩增的方式获取大量的遗传物质。目前已有很多不同的PCR检测技术应用于水稻条斑病菌的检测与鉴定。

Louws等（1994）对黄单胞菌属内不同种或致病变种进行rep-PCR指纹图谱分析，结果表明rep-PCR技术可区分同种内不同致病变种，如水稻白叶枯病菌和条斑病菌等。

姬广海等（2002）采用rep-PCR技术对30个水稻细菌性条斑病菌株进行遗传多样性分析，同时对李氏禾条斑病菌等其他10个参试菌株也进行了比较，试验表明rep-PCR技术可有效地用于监测水稻细菌性条斑病菌的遗传变异，还可应用于菌株的鉴定和分类学研究。

廖晓兰等（2003）成功建立了水稻白叶枯病菌与水稻细菌性条斑病菌快速检测鉴定的实时荧光PCR方法。根据含铁细胞接受子基因设计两菌的通用引物PSRGF/PSRGR（扩增一个152bpDNA片段）和特异性探针（Baiprobe和Tiaoprobe），并对13种细菌和1种植原体进行实时荧光PCR。结果表明，两个特异性探针能分别特异性检测到病原菌产生荧光信号而其他参试菌不产生荧光信号，检测灵敏度为$10^3 \sim 10^5$CFU/mL。用这两个特异性探针分别对自然感染白叶枯菌和条斑菌的叶片DNA提取液和种子浸泡液进行实时荧光PCR，结果均可特异性检测到目标菌的存在并完全可将两种病原菌区分开来，且只需0.3g叶片和10g种子。整个检测过程只需2h，完全闭管，降低了污染的机会，无须PCR后处理。

第二节　水稻细菌性穗枯病

一、概述

1. 分布

由颖壳伯克氏菌（*Burkholderia glumae*）侵染引起的水稻细菌性穗枯病（Bacterial panicle blight of rice，BPBR），因稻穗被病原菌感染后变枯而得名，也称为水稻细菌性谷枯病（Bacterial grain rot of rice，BGRR）。目前分布于日本、韩国、印度尼西亚、泰国、马来西亚、菲律宾、斯里兰卡、越南、中国台湾、哥伦比亚等地。

主要寄主包括水稻、须芒草、野古草、毛颖草、薏苡、弯叶画眉草、多花黑麦草、洋野黍、大黍、毛花雀稗、狼尾草、梯牧草、芦苇、狗尾草、燕麦和黑麦等。

2. 症状识别

抽穗期病穗田间呈块状分布,稻粒呈褐色,谷粒病健部有一明显的棕色界限。病种在育苗箱中培养,常成块状腐败、枯死,轻的僵苗不发。叶鞘变褐色,叶片发白,芽鞘卷曲,故称苗腐、苗枯。

水稻齐穗后乳熟期的绿色穗直立,染病谷粒初现苍白色似缺水状萎凋,渐变为灰白色至浅黄褐色,病粒内外颖变色,内外颖的先端或基部变成紫褐色,护颖也呈紫褐色。每个受害穗染病谷粒10~20粒,发病重的一半以上谷粒枯死,受害严重的稻穗呈直立状而不弯曲,多为不稔,若能结实多萎缩畸形,谷粒一部分或全部变为灰白色或黄褐色至浓褐色,病部与健部界线明显。病粒多时,灌浆期穗头上翘而不下垂。瘪粒增加,品质下降;重的开花后稻粒变褐、枯死,减产很多。

3. 病原及生物学特性

颖壳伯克氏菌属细菌界变形菌门乙型变形菌纲伯克氏菌目伯克氏菌科伯克霍尔德氏菌属。

水稻细菌性穗枯病菌为阴性杆菌,大小(0.5~0.7)μm×(1.5~2.5)μm,1~7根极鞭,好气性,有荚膜,不形成芽孢。在NA培养基上菌落生长慢,圆形、隆起、光滑、灰白色;在PDA培养基上菌落小,黄乳白色;在KB培养基上不产生荧光。明胶液化,吐温80水解,牛乳凝固,石蕊还原,硝酸还原,过氧化氢酶和卵磷脂酶阳性;但不水解熊果苷和七叶苷,不产生吲哚及硫化氢,淀粉水解在不同菌系间有变化,氧化酶、酪氨酸酶、精氨酸双水解酶、苯丙氨酸脱氨酶都是阴性反应。从阿拉伯糖、果糖、半乳糖、葡萄糖、甘油、甘露醇、甘露糖、山梨醇和木糖产酸,利用乳糖和棉籽糖产酸的能力在不同菌系间有变化,从糊精、菊粉、麦芽糖、鼠李糖、水杨苷和蔗糖不产酸。4% NaCl或5μm氯霉素能抑制生长,生长最适pH值6.0~7.5,最适生长温度为28℃,最高生长温度在40℃,最低温度8~12℃,致死温度50~52℃。

播种带菌病谷粒,遇有适宜的发病条件,即抽穗期高温多日照,降水量小易发病。病菌可通过气孔和伤口侵入,病菌在植株体内繁殖,在细胞间扩散,引起叶鞘薄壁组织的分解。种子带菌是远距离传播的主要途径。

二、检测方法

目前国内外已报道的该病菌检测方法主要是以常规生化检测和分子检测为主。其中，Takeuchi等（1997）采用PCR法进行了*B. glumae*的检测；Luo等（2010）采用生化鉴定、Biolog微生物鉴定系统、脂肪酸法、RAPD-PCR法和致病性测定完成了对水稻细菌性谷枯病菌的鉴定；Huai等（2009）采用实时荧光PCR法进行了水稻细菌性谷枯病菌检测方法的研究。在鉴定植物病原菌时，由于受自然界环境影响病菌生化性状较为复杂且不稳定，加上日常检疫鉴定中的传统生化鉴定方法繁杂费时，有时难以及时判定结果。PCR技术因其快速、操作简便、特异性较强等特点，已被广泛应用于多种病原菌的检测。

第三节　小麦矮腥黑穗病

一、概述

1. 分布

小麦矮腥黑穗病是一种系统侵染性病害，同时也是极难防治的国内外重要检疫性病害之一，是由小麦矮腥黑粉菌引起的。目前，在北美洲、南美洲、大洋洲、非洲、欧洲、亚洲等的40多个国家相继发现了小麦矮腥黑穗病，小麦矮腥黑粉菌主要为害冬小麦、大麦、黑麦等，也能感染雀麦、羊茅草、剪股颖等18个属70多种禾本科农作物、牧草与绿化用草。

2. 症状识别

秋播小麦易感小麦矮腥黑穗病，通常使植株产生明显矮化，多分蘖，大部分感病植株高度只有正常植株的1/3～2/3，发病症状具有健穗在上面病穗在下面的"二层楼"现象。被侵染的麦苗，叶片上出现褪绿的条纹状斑点，籽粒变成充满黑粉的菌瘿，黑粉粒破碎后黑粉散出，因冬孢子内含三甲胺而具有很浓的鱼腥臭味。

被侵染的小麦小花增多，花药不能散粉，花粉没有活力，因而不能受精。受侵染的小花未成熟的子房呈深绿色而健康子房则呈很浅的绿色，在孢子形成肉眼可见之前，这种深绿色通常很明显。随着子房生长，菌丝生长和孢子形成向外展开，直到子房壁内部几乎所有的寄主组织都被消耗殆尽，产生黑穗蒴包（菌

瘿），破坏整个子房。

3. 病原及生物学特性

小麦矮腥黑粉菌属真菌界担子菌亚门冬孢菌纲黑粉菌目腥黑粉菌科腥黑粉菌属。该病菌除能侵染为害小麦外，还能侵染大麦、黑麦等禾本科18属60多种植物，其中对小麦为害最为严重。

菌瘿坚实，比麦粒小，近球形，呈深褐色。冬孢子球形、椭圆形或不规则形，淡黄色或淡棕色，成堆时呈深黄褐色，具网状饰纹和无色到淡色的胶质鞘，直径（含胶质鞘）为16.8～32.19μm，通常为18～24μm；冬孢子的网脊高度值为（1.43±0.14）μm；孢子被固定后，用485nm激发滤光片和520nm障碍滤光片产生的蓝光照射冬孢子，发现TCK冬孢子呈球形，网状结构壁层呈橘黄色荧光。

自然条件下，单个冬孢子在土壤中可存活1～3年，菌瘿至少能存活10年，而且对不同类型土壤和气候条件都有广泛的适应性，以菌瘿混在小麦种子中或以冬孢子黏附在种子表面进行传播，也可随土壤传播。

二、检测方法

1. 聚合酶链式扩增反应

McDonald设计了一个用单个的腥黑粉菌冬孢子进行PCR扩增的试验，获得了能够检测到的扩增量，这为冬孢子只有很少量时进行快速的分子检测奠定了基础，也避免了提取DNA前先萌发冬孢子以获得菌丝的困难。Christiansen等（2002）在小麦光腥黑粉菌基因组DNA中扩增到1个212bp的片段，成功地区分了小麦网腥黑粉菌和小麦矮腥黑粉菌。

2. PCR-RFLP分析

Pimentel等（1998）利用PCR-RFLP和RAPD方法研究了31种腥黑粉菌的亲缘关系，其相似性均超过了50%。Zerucha等（1970）通过对5S rRNA基因内转录间隔区（ITS）进行研究，希望能在这段保守序列中找到特异性标记，但结果发现，小麦矮腥黑穗病菌和其他腥黑穗病菌没有明显差异。梁宏等（2006）对腥黑粉菌属3种检疫性真菌的rDNA-IGS序列进行分析，发现3种真菌IGS1区存在不同程度的多态性，并利用此差异设计出一对特异性引物用于小麦光腥黑粉菌（*T. foetida*）的检测。

3. RAPD分析

Pimentel等（2000）采用RAPD和Southern杂交对小麦矮腥黑粉菌和雀麦草

腥黑粉菌（*T. bromi*）的自然种群进行RAPD分析，得出两者有37%相似的结论。Gang等（1995）从小麦网腥黑粉菌、小麦光腥黑粉菌和小麦矮腥黑粉菌冬孢子中提取总DNA，利用RAPD技术选取13个引物组合对90个样本进行筛选。结果表明，扩增出的片段总数随着每个样本而变化不定，样品的种间、小种间，甚至小种内的不同个体遗传变化很大，并对扩增结果进行了聚类分析，结果没有鉴定出小种或种内特异性标记。高强（2004）利用RAPD技术找到一条小麦矮腥黑粉菌和小麦网腥黑粉菌与其他黑粉菌有差异的条带，但矮腥黑粉菌与网腥黑粉菌之间没有差异，不能将它们两者区别开。

4. AFLP分析

Bakkeren等（2000）利用AFLP方法对不同的小麦黑粉菌进行标记，同5S rRNA基因内转录间隔区（ITS）标记比较，认为AFLP方法具有更丰富的多态性片段，更适合小麦腥黑粉菌整个基因组的分子标记。Chen等（2003）采用AFLP技术对小麦腥黑粉菌及其近缘种的基因组DNA进行分析，获得了小麦矮腥黑粉菌种的特异性DNA片段，通过特异性DNA片断序列分析、引物设计，成功制备出了小麦腥黑粉菌的特异性SCAR标记，检测灵敏度可达到3个冬孢子水平。

第四节　玉蜀黍霜指霉菌

一、概述

1. 分布

玉蜀黍霜指霉菌［*Peronosclerospora maydis*（Racib.）Shaw］是全国农业植物检疫性有害生物之一，寄生于玉米上引起玉米霜霉病，玉米霜霉病是亚热带地区玉米生产上的一种毁灭性病害，目前，在印度尼西亚、澳大利亚和中国等发现其为害，该病菌除了为害玉米外，还侵染类蜀黍属（*Euchlaena*）、狼尾草属（*Pennisetum*）和摩擦禾属（*Tripsacum*）植物。

2. 症状识别

病株矮小，叶片呈现黄绿相间的花叶条纹，叶背生白色霜状霉层，后期病叶枯死。

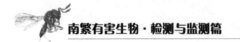

3. 病原及生物学特性

玉蜀黍霜指霉菌属真菌门卵菌纲霜霉目霜霉科霜指霉属。

孢囊梗无色，基部细，具一隔膜，上部肥大呈二叉状分枝，梗长227～306μm（平均256μm），小梗近圆锥状，弯曲，顶生一个孢子囊。孢子囊无色，长椭圆形、卵形、近球形，着生部稍突起或略圆，大小（23～38）μm×（15～22）μm（平均32.3μm×17.2μm）。未发现卵孢子。

夜间植株表面结露，气温低于24℃在病叶上形成分生孢子。分生孢子萌发需要游离水，玉米叶的吐水促其萌发。在培养皿内饱和湿度中10h失去侵染力，在嫩玉米叶上饱和湿度中20h也不完全失活。在孢子形成的同一夜晚发生侵染，病菌经气孔侵入叶片，主要通过种子带菌方式进行传播。

二、检测方法

1. 菌体染色检测

菌体染色检测技术是检测植物组织中真菌和卵菌病原菌的一种常用方法。由于玉米霜霉病病菌属于严格寄生菌，无法分离和培养，因此利用菌体染色法直接对玉米组织中的病菌进行检测是重要的鉴别技术之一。Muralidhara（1995）采用锥蓝染色技术检测玉米中霜指霉属（*Peronosclerospora*）的卵孢子和菌丝体。

2. 基于蛋白质特征的病菌检测

同工酶作为基因产物的蛋白质，其结构的多样性在一定程度上反映出不同种群在分化上DNA组成和生物体遗传的多样性。Bonde（2016）采用同工酶电泳技术对菲律宾霜指霉（*P. philippinensis*）、甘蔗霜指霉（*P. sacchari*）、蜀黍霜指霉（*P. sorghi*）的12种同工酶谱带特征进行了分析。结果表明，*P. philippinensis*、*P. sacchari*具有相似的同工酶带型，而不同地理来源的*P. sorghi*关系相近。此后，Micales（1997）检测了*P. philippinensis*、*P. sacchari*、*P. sorghi*和玉米褐斑病（*P. maydis*）在26种同工酶水平上的变异，证明*P. philippinensis*和*P. sacchari*在22种酶的带型上一致，两者可能为同种霜霉菌；*P. maydis*的许多带型具有独特性，也有一些带型与*P. sorghi*相同；来自泰国的2株玉米霜霉菌则在同工酶带型方面与其他检测种表现出较大的差异，因此怀疑是与检测种不同的种；氨基肽酶活性的检测表明，不同种间未表现出差异。

3. 基于核酸特征的病菌检测

1991年，Yao等以经放射性标记并插入了1.5kb的*P. maydis*片段的质粒pCLY83为探针，通过斑点杂交技术准确检测到玉米种子中的*Peronosclerospora*

spp.，结合RFLP技术，将中国云南和广西的玉米霜霉病菌确定为*P. philippinensis*
或*P. sacchari*，而不是*P. maydis*或*P. sorghi*。

第五节　内生集壶菌

一、概述

1. 分布

内生集壶菌（*Synchytrium endobioticum*）是一种寄生于寄主细胞内的植物病
原真菌，病菌侵入寄主表皮细胞可引起寄主细胞膨大。在田间自然条件下主要侵
染马铃薯，引起马铃薯癌肿病，属国家检疫性有害生物。

2. 症状识别

在薯块上，病菌主要从芽眼外表皮侵入，长出畸形、粗糙的癌瘤，呈花椰
菜形，初为乳白色，后变黑腐烂，并流出伴有臭味的褐色黏液。遇干旱癌瘤呈粉
末状。

在茎基部，形成的癌瘤呈花椰菜小花状，逐渐扩大，有时包围整个茎基部，
甚至露出土表。露出土表的癌瘤，初为绿色，后期腐烂。匍匐茎可长出成串的癌
瘤，长于上侧或围绕匍匐茎生长。

在根系，癌瘤成串。小的癌瘤如油籽状，大的可超过薯块数倍。初为白色半
透明，似水疱状。

在主枝与分枝、分枝与分枝交界处，腋芽处，茎或枝尖、幼芽上，均可长出一
团团密集的卷叶状、花椰菜状或雉冠状的癌瘤。初为绿色，后颜色加深变黑腐烂，
生瘤的枝条常会变粗，节间缩短，叶片色淡，早期发病易枯死。叶背面、茎秆、花
梗、果梗、花萼等部位，可长出绿色无叶柄、有主脉、无分支脉的丛生畸形小叶，
丛生小叶增多时，好似鸡冠状；后期小叶变黄变黑，并腐烂脱落，使叶片呈缺刻
状，着生丛生小叶的叶片正面，初现黄色小点，逐渐呈脓疱状，变黑腐烂。

病株主枝的第一、第二分枝变粗，质脆且畸形，尖端的花序和顶叶色淡，早
期枯死。病株矮化，分枝增多。

3. 病原及生物学特性

内生集壶菌属真菌门鞭毛菌亚门壶菌纲壶菌目集壶菌科集壶菌属内生集壶菌。

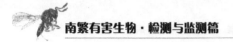
该病原菌主要以休眠孢子囊在病薯块内和土壤中越冬并长期生存。当温湿度适宜时，休眠孢子囊萌发形成游动孢子，侵入寄主表皮细胞，菌体在细胞内增大、发育。刺激寄主细胞组织增生、长出畸形、粗糙的肿瘤，出现酷似花椰菜的典型症状。

内生集壶菌主要通过带病的薯块或带菌的土壤进行远距离传播。通过田间农事操作、病薯喂养的牲畜粪便以及雨水等进行近距离传播。

二、检测方法

1. 切片法

取癌瘤或薯块芽眼及周围组织切片在显微镜下检验，检查是否有病原菌孢囊堆、夏孢子堆或休眠孢子囊，或直接挑取病组织放在有蒸馏水的载玻片上，加盖载玻片静置30min，显微镜检查是否从孢子囊破裂处释放出游动孢子。

2. 染色法

将病组织放在蒸馏水中浸泡半小时，然后用吸管吸取上浮液一滴放在载玻片上，加0.1%升汞水1滴固定，在空气中自然干燥，再用1%酸性品红或1%~5%龙胆紫1滴，染色1min。洗去染液镜检，可见到单鞭毛的游动孢子。

3. 四氯化碳-乳酸甘油漂浮法

将已风干、研细、过筛（筛目直径250μm）的土样称取1.5~2g，倒入试管内，加四氯化碳8mL，充分搅拌，静置2~3min，让土壤颗粒等杂质沉降，休眠孢子悬浮在四氯化碳液中，将悬浮液倒入另一个试管中，加入乳酸甘油2mL，充分搅拌、静置，使之分层，用移液管吸取上层乳酸甘油孢子囊悬浮液0.05mL，制片镜检。

第六节 大豆疫霉病

一、概述

1. 分布

大豆疫霉病是大豆生产上的毁灭性病害之一，大豆疫霉病菌可侵染大豆根、茎、叶、豆荚及籽粒，但以引起大豆根腐病和茎腐病较为普遍，1986年被我国确定为A1类进境植物检疫对象。美国、加拿大、巴西、阿根廷、日本、澳大利亚、英国、匈牙利、尼日利亚、印度、埃及、以色列、南非、德国、瑞士、新西兰等国家均报道了该病害的发生。大豆疫霉菌寄生专化性很强，寄主范围很窄，它可侵染大豆（*Glycine max*）、羽扇豆属（*Lupinus* spp.）、菜豆（*Phaseolus vulgaris*）、豌豆（*Pisum sativum*）。

2. 症状识别

苗期：播种后一周调查是否有烂种、烂芽及幼苗出土后停止生长及高温天猝倒现象；子叶期和一对复叶期调查下胚轴是否有病斑；真叶期调查茎部是否有缢缩的水渍状病斑；三出复叶期以后调查子叶至第一分枝处是否有病斑。

成株期：初期下部叶片发黄，上部叶片失绿，随即整株枯死，凋萎的叶片不脱落，呈八字形下垂；茎基部发病，出现褐色不规则形病斑，并向上扩展，病斑可断续在茎部出现，髓部变黑褐色，皮层和维管束组织坏死。

结荚期：结荚期豆粒表面淡褐至深褐色，无光泽，皱缩干瘪，也有种子表皮皱缩后呈网纹状，豆粒变小。

3. 病原及生物学特性

大豆疫霉菌（*Phytophthora sojae* Kaufmann et Gerdemann）属藻菌界卵菌门霜霉目腐霉科疫霉属。

菌丝体珊瑚状，幼龄菌丝无横隔，老龄菌丝具有横隔，一般呈直角分枝，分枝基部稍稍缢缩，菌丝可形成结节状、膨大体和厚垣孢子。菌丝宽3~9μm。不同分离物的培养特征和形态变化很大。在PDA培养基上生长缓慢，菌落形态均匀、白色、边缘不整齐；气生菌丝致密，呈棉絮状。在胡萝卜、玉米粉、V8汁等培养基上生长较快，菌落均匀，边缘整齐。

大豆疫霉菌的卵孢子主要通过带病种子或黏附在种子表面以及混杂在种子里的土壤颗粒进行传播。

二、检测方法

由于疫霉菌的形态和生物学性状在不同的培养基以及由于培养时间的不同而具有较大的变异性，因而采用传统的方法，难以区分形态和习性相似的种，并且传统的形态学为基础的检测方法存在检测周期长、工作量大、结果不准确等缺点。近年来，生物学技术的发展，尤其是分子生物学领域的巨大进步，为疫霉菌的快速检测提供了有力的保证。目前，在疫霉菌检测中广泛应用并取得很大成效的包括免疫学技术和核酸技术两大方面。

1. 免疫学技术

（1）酶联免疫法。利用ELISA技术，美国Agri-Diagnostics Association公司生产的诊断疫霉（*Phytophthora* spp.）的试剂盒已商品化生产，并已普遍应用。Ali-Shtayeh等（1991）利用上述ELISA试剂盒检测灌溉水中的*Phytophthora* spp.游动孢子，灵敏度可达30~40个游动孢子；试剂盒对检测大豆根茎组织、土壤悬浮液中的大豆疫霉菌（*P. sojae*）的游动孢子、卵孢子和菌丝及病组织中的隐地疫霉（*P. cryptogea*）效果都很好。窦垣德等（1995）研究发现利用间接法（I-ELISA）和夹心法（DAS-ELISA）都能较好地检测纯培养的大豆疫霉菌，但在检测病组织时，夹心ELISA的特异性较强，能够可靠地检测到大豆病组织内的病原菌。

（2）免疫荧光技术。Gabor等（1993）利用IFA有效地检测土壤、根部组织的樟疫霉（*Phytophthora cinnamomi*），同时还获得一个单克隆抗体，可用该方法对土壤中的疫霉属菌进行特异性检测。

（3）其他抗体介导的检测方法。单克隆抗体是针对单一抗原决定簇的，具有可靠的特异性，其对蛋白质的不同活性部分有良好的分辨能力，可以用于复杂抗原和未知抗原的研究，能比较容易解决过去难以解决的血清学试验交叉反应问题，因而用于植株病原菌的检测是十分有效的。在美国已开发出检测病组织中大豆疫霉菌的单克隆抗体试剂盒，操作程序简单，仅需要10min就可完成检测。

2. 核酸技术

（1）核酸杂交技术。Steven等（1993）根据不同疫霉种ITS序列分析比较，设计得到了4个寡核苷酸片段，可以作为特异探针对辣椒疫霉（*P. capsici*）、樟疫霉（*P. cinnamomi*）、*P. megakarya*、棕榈疫霉（*P. palmivora*）进行检测，另外还得到了一段寡核苷酸序列可以用作疫霉属（*Phytophthora*）的特异性探针。

（2）分子标记技术。Whisson等（1992）利用RFLP技术分析了澳大利亚和美国大豆疫霉菌的遗传关系，证明美国分离物较澳大利亚分离物具有更复杂的遗传结构，并推断澳大利亚的大豆疫霉菌可能是从美国传入的。

（3）PCR技术。PCR技术在植物病害诊断和病原物检测方面具有巨大的应用潜力，目前已在许多疫霉菌的检测方面有应用。这些研究包括了从发病植株、田间土壤、灌溉水等样品中检测疫霉菌的存在以及估测病原菌量，有些已经开发成试剂盒投入使用。

（4）生物芯片检测技术。生物芯片是指在很小几何尺度的表面积上，装配一种或集成多种生物活性，仅用微量生理或生物采样，即可以同时检测和研究不同的生物细胞、生物分子和DNA的特性，以及它们之间的相互作用，获得生命微观活动的规律的技术。生物芯片可以分为蛋白质芯片（生物分子芯片）、基因芯片（即DNA芯片）和芯片实验室等几类，都具有集成、并行和快速检测的优点。

（5）肽核酸的研究。肽核酸（Peptide Nucleic Acids，PNAs），是20世纪90年代初发现的新型DNA/RNA同类物，是一类人工合成的用蛋白质骨架代替核酸中的磷酸核糖骨架而形成的新型分子。PNA可以取代寡核苷酸用于基因芯片的制备，将比普通基因芯片更稳定，特异性也更好，被认为是基因芯片的升级产品。PNA也可用于定量PCR，可以用于实时检测PCR的扩增反应；也可将其做成PNA Beacon，用于实时监测细胞内的RNA表达。

第七节　向日葵黑茎病

一、概述

1. 分布

向日葵黑茎病是一种重大、检疫性外来入侵有害生物，该病害田间蔓延快、为害重，重病田发病率100%，死亡率达51%以上，目前向日葵黑茎病已经蔓延至世界许多地区，在罗马尼亚、保加利亚、匈牙利、法国、意大利、加拿大、美国、阿根廷、伊朗、伊拉克和澳大利亚等都有报道发生，据报道向日葵黑茎病菌的寄主范围很窄，主要是向日葵，我国伊犁河谷存在向日葵黑茎病菌的野生寄主刺儿菜、苍耳和飞蓬等，也会间接影响该病害的发生与为害。

2. 症状识别

黑茎病典型的症状是病菌最初为害植株叶柄基部，迅速向茎秆扩展，形成边缘清晰黑色椭圆形病斑，茎上常形成大型病斑，病斑黑色，有光泽，具清晰边缘。到后期发病重的植株，在距地面5cm处的茎秆上全都发病，茎秆上黑斑连成片，成长条形斑，下层叶都发病，叶柄、叶片都变黑、干枯，干枯叶向上（向叶正面）中央卷缩。后来干枯叶面上有一些褐斑突起，每片叶上有几个到一二十个病斑，病斑开始是褐色，后来变成黑色，严重时病斑环绕茎秆，茎秆倒伏。向日葵黑茎病发病严重的大田大面积枯死，有时也会出现零散的植株死亡。带病残

131

体很容易侵染健康植株的根部和茎部，在田间发病植株病斑处可见黑色小粒点，即为向日葵黑茎病菌的分生孢子器，感染病原菌较早的向日葵会生长瘦弱，有的花盘很小，有的髓会变黑以及植株早期枯死，这被称为"过早成熟"或"早期死亡"。发病较晚的向日葵植株瘦弱、倒伏。在花盘背面处的盘颈和盘颈基部可见大小不等的褐色病斑，罹病花盘瘦小，严重时花盘干枯，导致向日葵种子产量和含油率降低，造成严重减产。

3. 病原及生物学特性

向日葵黑茎病菌无性态属于半知菌亚门腔孢纲球壳孢目茎点霉属，无性态种名为*Phoma macdonaldii* Boerema。分生孢子器深褐色，球形或稍扁形，有乳头状突起，直径100～350μm，分生孢子单胞，无色，肾形，两端有油球，为α型。

向日葵黑茎病菌有性态属于子囊菌亚门腔菌纲格孢腔菌目格孢腔菌科小球腔菌属，有性态种名为*Leptosphaeria lindquistii* Frezzi。病原菌有性世代的假囊壳生于茎秆表面，近球状，假囊壳中有成束的子囊，每个子囊内有6～8个子囊孢子，子囊孢子具1～3个分隔，通常两个，无色，腊肠形。

此病原菌是一种非专一性很强的寄生病原真菌，最适生长温度、pH值分别为25℃，6.0。黑茎病菌可侵染种子（包括种壳、种皮及胚乳）使其带菌，苗期、成株期在高湿和有伤的人工接种条件下更易侵染和发病，在每年的6—9月降水量很大时为黑茎病菌发生的高峰期。

在我国内蒙古、吉林、新疆、河北发生的向日葵黑茎病的病原菌是麦氏茎点霉（*Phoma macdonaldii* Boerema）。

向日葵黑茎病的传播方式主要是通过种子调运和种子中夹杂的病残体进行传播，植株生长季节通过雨水飞溅和大田用水浇灌或是风将子囊孢子及分生孢子吹起进行传播，昆虫等介体也是病害传播的媒介之一。

二、检测方法

张祥林等（2011）采用PCR法扩增了向日葵黑茎病菌的ITS序列，并对ITS产物进行RELP分析，但并未建立快速准确检测向日葵黑茎病菌的检测方法。宋娜等（2012）在rDNA-ITS的多态性丰富区域设计了一对特异性引物320FOR/320REV，能特异性快速检测该病菌。Luo等（2011）根据形态特征、致病性试验和ITS序列分析，从进口向日葵种子中鉴定出了9个黑茎病分离物。张伟宏等（2013）依据ITS通用引物以及向日葵黑茎病和茎溃疡病的Actin基因设计特异引物对向日葵黑茎病和茎溃疡病进行了三重PCR检测，能同时检测向日葵黑茎病和茎溃疡病。张娜等（2015）设计的DPO引物特异性强，对混合模板中向日葵白锈病菌和向日葵黑茎病菌的DNA灵敏度均达0.05ng/μL，建立了向日葵白锈病菌和向日葵黑茎病菌的多重DPO-PCR检测方法，应用于进出口向日葵种子、种苗等快速检测。米瑶等（2015）采用双重PCR对向日葵黑茎病菌进行检测，可对带菌向日葵组织进行直接快速分子检测。

第八节　瓜类果斑病

一、概述

1. 分布

瓜类果斑病是一种常见于西瓜、香瓜、南瓜等葫芦科植物中较为严重的病害，具有发病迅速、传播速度快、暴发性强等特点，现已被列为中国入境检疫性有害生物。目前该病在全球主要分布于美国、澳大利亚、巴西、土耳其、日本、泰国、以色列、伊朗、匈牙利和希腊。中国主要分布在新疆、宁夏、甘肃、河南等地。一般田块发病率在45%～75%，严重时高达100%，严重影响瓜类产业的健康发展。

2. 症状

西瓜在子叶、真叶和果实上均可受感染而发病。幼苗期，子叶张开时感染此病后，病斑为暗棕色，且沿主脉逐渐发展为黑褐色坏死斑，随后侵染真叶，病斑在幼真叶上很小，暗棕色，周围有黄色晕圈，通常沿叶脉发展。开花后14～21d的果实容易感染。果实上症状随西瓜品种不同而异。典型的病症是在西瓜果实朝上的表皮，首先出现直径仅几毫米的水渍状小斑点，随后扩大成为不规则的较大的橄榄色水渍状斑块，病斑边缘不规则，颜色加深，并不断扩展，7～10d内便布满除接触地面部分的整个果面。发病初期病变只局限在果皮，果肉组织仍然正常，但将严重影响西瓜的商品价值。早期形成的病斑老化后表皮龟裂，常溢出黏稠、透明的琥珀色菌脓，果实很快腐烂。茎叶柄和根部通常不受此病菌侵染。

该病菌可侵染厚皮甜瓜子叶、真叶和果实，引起叶枯和瓜腐，茎、叶柄、根很少受侵染。叶片上的症状与黄瓜细菌性角斑病在黄瓜叶片上的症状基本相似，但叶脉也可侵染，并沿叶脉蔓延。子叶发病时病斑暗褐色，沿主脉逐渐发展为黑褐色坏死斑。真叶上病斑呈圆形或多角形，暗褐色，周围有黄色晕圈，通常沿叶脉发展。田间湿度大时病斑背面可溢出白色菌脓，叶基沿叶脉可见水浸状斑点。在果实朝上的表皮，首先出现水浸状墨绿色小斑点，逐渐变褐，稍凹陷。发病初期病变只局限在果皮，果肉组织仍然正常，但已严重影响瓜的商品价值。有的具水浸状晕圈，斑点通常不扩大；有的品种病菌侵入果肉组织造成水浸状、褐腐或木栓化；有的品种病斑只局限于表皮，中后期条件适宜时，病菌常随同腐生菌蔓延到果肉，使果肉腐烂。病斑老化后表皮龟裂，常常溢出黏稠、透明的琥珀色菌脓。真叶上的症状类似霜霉病，病斑受叶脉限制呈深褐色水浸状角斑，在高湿条件下可见病原细菌分泌出的乳白色菌脓的痕迹。

病原菌回接在哈密瓜和西瓜叶片上第3天出现症状，第10天症状表现为叶部病斑圆形至多角形、水浸状、灰白色、后期中间变薄，可以脱落穿孔。病斑背面常有细菌脓溢出，干后变一薄层。甜瓜和西瓜的果实上病斑初为水浸状斑、圆形或卵圆形，渐渐扩大，稍凹陷，绿褐色，有时数个病斑融合成大斑，颜色加深呈褐色至黑褐色。

3. 病原

病原细菌属革兰氏阴性菌，为嗜酸菌属西瓜种（*Acidovorax citrulli*），菌体短杆状，大小为（0.2~0.8）μm×（1.0~5.0）μm，极生单根鞭毛。在金氏B和NA培养基上形成奶白色、不透明、突起的菌落。菌落圆形光滑，略有扇形扩展的边缘，中央突起，质地均匀。不产生色素及荧光。在YDC培养基上，菌落圆形、突起、黄褐色，在30℃下培养5d直径可达3~4mm。在KB培养基上，生长很慢，2d内只见到很少的菌落，菌落不产生荧光、圆形、半透明、光滑、微突起，在30℃下培养5d直径可达2~3mm。

病原菌不水解明胶，脂酶、氧化酶和2-酮葡萄糖酸试验为阳性，好气性。精氨酸双水解酶阴性，生长适温28℃，在4~41℃均能生长，能水解吐温80。能够利用丙氨酸、L-阿拉伯糖、己醇、果糖、甘油、葡萄糖、羟甲基纤维素、D-羟基丁酸盐、半乳糖、L-亮氨酸、海藻糖作为碳源，不能利用蔗糖、丙二酸、乳糖、山梨醇。

4. 发病规律

西瓜果斑病菌主要在种子和土壤表面的病残体上越冬，成为翌年的初侵染源。田间的自生瓜苗、野生南瓜等也是该病菌的宿主及初侵染源。病菌主要通过伤口和气孔侵染。病斑上的菌脓借雨水、风、昆虫、嫁接及农事操作等途径传播，形成多次再侵染。田间病残体分解腐烂后，细菌随即死亡。细菌性果斑病在温暖潮湿的环境中易暴发流行，特别是炎热季节伴随暴风雨的条件，有利于病原菌的繁殖和传播流行。

二、检测方法

利用细菌16S rDNA基因的通用引物对供试菌株进行PCR扩增，对扩增产物进行核苷酸序列测定。将获得的序列与GenBank中相关菌株的16S rDNA序列进行同源性分析。利用最大简约法构建16S rDNA系统演化树，并设计出检测西瓜细菌性果斑病菌（*Acidovrax avenae* subsp. *citrulli*，A.a.c）的特异性引物。利用设计的特异性引物（BFB64/65）对各供试菌株进行PCR检测，结果只有A.a.c菌株产生扩增泳带，产物大小与预期一致。因此，构建快速检测A.a.c病菌的PCR方法。

根据瓜类细菌性果斑病菌与相关细菌16S rDNA序列差异，设计出对A.a.c具有稳定点突变特异性探针Aac-probe，利用该探针对供试菌株进行实时荧光PCR检测试验。结果表明，除瓜类细菌性果斑病菌能检测到荧光增强信号外，其余菌株无荧光增强信号。实时荧光PCR的相对灵敏度明显高于常规PCR，表现出特异性强，灵敏度高，重复性好，可有效地应用于A.a.c菌的检测。

第九节　十字花科黑斑病

一、概述

1. 分布

黑斑病已成为我国大白菜的主要病害之一。该病可为害白菜、萝卜、菜花、芥菜、油菜、甘蓝等十字花科蔬菜。20世纪70年代末，十字花科黑斑病在我国大白菜上的发生开始严重起来，如北京市（1988）黑斑病大流行，有2.25万亩发生严重，每株叶片枯死8片以上，菜心裸露。发病中等以上的田块达5.25万亩，全市减产约20%，进入20世纪90年代该病又有两次大流行。

2. 症状

由芸薹链格孢引起的黑斑病主要为害十字花科蔬菜的叶片。子叶期发病，在叶上初生褐色小点，渐发展为褪绿斑，扩大后使大部或整个子叶干枯，严重时造成死苗；在真叶上，最初形成圆形褪绿斑，扩大后病斑转为暗黑色，几天后病斑扩大到直径为5~10mm，病斑为淡褐色，上有明显的同心轮纹，并生黑褐色霉状物，病斑变薄有时破裂或脱落，周围有或无黄色晕圈。发生严重时病斑汇集成大的病区，使大部以至整个叶片枯死，全株叶片由外向内干枯。叶柄发病，一般病斑为椭圆至梭形，暗褐色，凹陷，大小不一，最大直径可达到20余毫米，表面生褐色霉层，并引起叶柄腐烂。该病在种荚上引起近圆形病斑，中央灰白色，边缘褐色，周围淡褐色，有或无轮纹。潮湿时发生褐色霉状物，种荚瘦小，在收获时污染种子。

白菜的叶片及种荚还可被萝卜链格孢（*Alternaria raphani*）为害，引起与芸薹链格孢相似的症状。仅表面生的霉层为黑色，也可以污染种子，影响种子的发芽率。在中国南方，十字花科蔬菜黑斑病往往由甘蓝链格孢引起。也可形成轮纹斑，仅轮纹较稀，但往往生有黑色霉层。

3. 病原

芸薹链格孢（*Alternaria brassicicola*），菌丝埋生，分枝，有隔，透明，光滑，宽4~8μm。分生孢子梗气孔伸出，通常单生，有时束生。束生时每束2~10根或更多。直立或向上弯曲，常膝曲状，通常基部稍肿大，有横隔，榄褐色至淡榄灰色，光滑，长可达170μm，宽6~11μm。分生孢子单生，偶见串生，最多可达4个一串，为孔生孢子。孢子直或微弯，倒棒状，具6~9个（偶11~15个）横隔及0~8个纵隔及斜隔。淡色或淡榄褐色，光滑或罕见有小疣，长75~350μm，最宽部分为20~30μm（有时达40μm），具喙，孢身至喙渐细，为分生孢子长的1/3~1/2，宽5~9μm；甘蓝链格孢及萝卜链格孢的形态与芸薹链格孢的形态在许多方面相似，但在孢子的着生状态、大小、喙和厚垣孢子的有无及产孢能力上都有一定的差别。

4. 发病规律

3种十字花科蔬菜黑斑病菌的侵染循环比较一致。在我国南方，该菌可在冬作十字花科作物（如油菜、芥蓝、青菜、红菜薹等及独行菜等杂草）上为害并越冬。此外，病菌还可以在病残体上越冬或越夏。干燥的病斑在室温下经12个月的贮藏经保湿仍可以产生孢子。在-18℃以下可以贮藏3年以上。此外，病菌还可以菌丝潜伏在种子表皮内越冬并传播，成为远距离传播的初侵染源。

病菌的孢子可借风雨传播，在条件合适时产生芽管，从寄主的气孔或表皮直接侵入，侵入后在合适的条件下，约过1周即可产生大量新的分生孢子，重复侵染，扩大蔓延。

136

二、检测方法

1. 产地检验

对供种苗基地做田间调查，根据症状特征可以比较准确地进行诊断鉴定。由于叶片上的病斑很多种，要判定是否是细菌性病害，最好采用切片镜检喷菌现象来确定。

2. 种子带菌率测定

病株的种子是病害远距离传播的主要来源，可以从萝卜种子上分离到病原细菌。分离方法是：种子用含吐温 20（Tween 20）的清水浸泡15min，洗去种衣剂，然后用无菌水冲洗3次后，放在灭菌水中研碎，并浸泡10min，取浸出液在NA平板上划线分离，NA平板放在28℃中培养2～3d，挑选可疑菌落做进一步纯化，获得单菌落，经3次纯化后移入试管中保存。将分离到的菌株制成菌悬液，用针刺接种和喷雾接种两种方法接种到4片真叶的萝卜幼苗上，保湿24h，在28℃温箱中培养观察3～7d，当出现水渍状小斑点时即予确认，也可采用血清学检测。

3. 血清学检测

通常采用ELISA或IF的检测方法。

第十节　番茄溃疡病

一、概述

1. 分布

番茄溃疡病是世界各国公认的毁灭性病害，为害以番茄为主，包括辣椒、龙葵、烟草等多种茄科植物，也是近年来我国番茄生产上出现的一种新病害，现已被列为国家检疫对象。20世纪80年代中期北京首先发现该病后，北京、河北、内蒙古、辽宁、吉林、新疆、山西、山东和上海9个省（区、市）的28个城市或地区均有发生，并有逐渐向南方扩展蔓延的趋势。该病一旦发生为害大，损失重，防治比较困难。

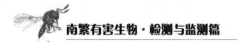

2. 症状

番茄溃疡病株，苗期表现生长缓慢，叶片稍卷，全株泛黄，继而枯萎死亡。番茄结果中期，病害开始蔓延侵染，下部叶片卷缩、萎蔫下垂，似干旱缺水状。病害症状随病原细菌繁殖上侵而向尖端发展，经过25~40d或更长时间，全株黄化枯死，干旱能加重病症及死亡进度。病变中后期，茎秆出现褐色狭长条斑，下陷暴裂，上下扩展腐烂，解剖病株可见到维管束呈褐色，髓部溃疡。病原细菌通过维管束侵染胎座和果肉，果实皱缩、滞育、果室凹陷，果实呈多棱形。正常大小或成熟的果实感病后，外观正常，果内偶有黑心或腐败，部分种子变黑或有黑点，但发芽率仍很高。在高温条件下，果实表面往往有3~4mm褐色斑点，中心粗糙，边缘围有白色晕圈。

3. 病原

由密执安棒杆菌（*Clavibacter michiganensis*）番茄溃疡病致病菌侵染引起，属细菌性病害。菌体短杆状或棍棒形，无鞭毛，大小（0.7~1.2）μm×（0.4~0.7）μm。革兰氏染色阳性反应，生长适宜pH值7。病菌发育温度范围1~33℃，适宜温度25~27℃，致死温度53℃保持10min。

4. 发病规律

（1）病菌可附着在种子内外，或在土壤中的病残体上越冬，也可在发病田上曾用过的架材或盛装病果的器具上黏附越冬。干燥种子上的病菌可存活2年以上，在土壤病残体上的病菌也可存活2~3年。

（2）该病发病最适温度为25~27℃，主要由各种自然伤口或人为伤口侵入，也可以通过植株的茎部、花柄和叶片侵入，湿度大时，病菌还可经气孔、水孔侵入。该病远距离传播主要靠种子种苗及带病果实的调运；较近距离的传播主要是靠雨水及灌溉水的反溅和流淌，特别是连阴雨及暴风雨后病害明显加重。植株发病后，又通过施用带有病残体的未腐熟有机肥，或浇水、分苗、定植、整枝打杈、绑架、保花保果、疏花疏果、摘果等农事操作传播。病菌一旦侵入则通过韧皮部和髓部在寄主体内迅速扩展，并经维管束进入果实的胚，侵染种子的脐部或种皮，致使种子带菌。使用带菌种子培育出来的苗必然带菌，而且带病种苗是该病害传播的主要途径。

二、检测方法

1. 产地检验

在田间根据症状选取植株的果实或茎叶做仔细检查，如有果实，看有无鸟眼斑症状；看茎秆上有无裂口和溃疡斑，用解剖刀斜剖茎秆，看维管束部分是否变褐色。如有怀疑，进行病原分离。

2. 种子检验

种子带菌是引起番茄叶斑病田间流行的主要因素，因此加强种子处理成为防治溃疡病的关键。利用间接免疫荧光结合选择性分离可简单准确地检测该病菌，如果免疫荧光结果为阴性，就认为种子不带菌；如果为阳性，能够分离到病菌，就认为样品阳性，若分离不到病菌，认为样品阴性，还可以利用ELISA和PCR技术进行检测。

第十一节　黄瓜黑星病

一、概述

1. 分布

黄瓜黑星病又称疮痂病，是棚室黄瓜的一种重要病害，一些省（区、市）将该病列为检疫对象。东北地区发生较普遍，感病品种病瓜率可达50%以上，严重影响产量和品质。山东、北京、河北、内蒙古、海南、上海等地曾零星发生。此病还为害西葫芦、甜瓜、南瓜、冬瓜等。

2. 症状

黄瓜黑星病主要为害叶片、茎和果实的幼嫩部分，苗期至成株期均可染病。幼苗染病后，子叶产生黄白色近圆形的小斑点，病斑扩展后相互连接成不规则形的坏死斑，新叶枯萎，植株停止生长；嫩茎染病后，先呈现水渍状浅绿色的椭圆形或不规则的条斑，继而病斑凹陷龟裂呈暗褐色，严重时病部腐烂，湿度大时病斑上长出灰黑色霉层，后期病斑呈星状多边形，病部组织脱落，周围健部继续生长，留下黑色边缘的星状孔；叶柄和瓜蔓被害后，病斑呈菱形或长条形、大小不等、浅黄褐色，病部中间凹陷，纵裂较深，形成疮痂斑；瓜条染病后，开始产生近圆形暗绿色病斑，分泌乳白色胶粒，后逐渐变成琥珀色，干硬后脱落，当病部中间呈疮痂状开裂并凹陷时，病斑停止扩展。感染黑星病的黄瓜瓜条弯曲，潮湿时病部产生黑色霉层。

3. 病原

该病由古巴假霜霉菌（*Pseudoperonospora cubensis*）引起，古巴假霜霉菌无性繁殖产生孢子囊，孢子囊对不良环境条件抵抗力较差，存活期短，因此在北方高寒地区难以越冬，有性阶段偶尔能产生卵孢子。该菌藏卵器为倒球形至椭圆形，或不规则的梨形，大小在（28～56）μm×（24～44）μm；雄器为棍棒状至球形，大小为（14～22）μm×（10～16）μm；卵孢子为球形，很少有倒卵球形或椭圆形，大小为22～42μm；卵孢子壁光滑，透明或浅黄色，大小为1.5～3.5μm。分生孢子发育最适的条件为温度20～22℃、相对湿度90%以上，且必须有水膜（滴）存在。

4. 发病规律

黄瓜黑星病病菌以菌丝体或丝块随残体在土壤中越冬，也可以分生孢子附着在种子表面或以菌丝潜伏在种皮内越冬，还可以黏附在棚室墙壁缝隙或支架上越冬。播种带菌种子，病菌可直接侵染幼苗。土壤中病残体上的病菌第2年可产生分生孢子，侵染定植的瓜苗。田间植株发病后，如条件适宜，病部可产生大量分生孢子，并借气流、雨水和农事操作传播。温湿度条件适宜时，分生孢子很快萌发，从伤口、气孔或直接穿透表皮侵入。一般日光温室黄瓜发病较重，种植密度大、光照少、通风不良、保护地大灌水、重茬、肥料少等地块发病重。

二、检测方法

1. 三重PCR

通过测定黄瓜黑星病菌rDNA的ITS序列，比对近缘种及瓜类几种重要病原菌的ITS序列，设计出特异性引物HX-1/HX-2，经过对引物HX-1/HX-2PCR条件的优化，可以扩增出1条190bp的黄瓜黑星病菌特异性DNA条带，灵敏度达到1pg/μL。进一步将引物HX-1/HX-2和瓜类枯萎病菌、瓜类蔓枯病菌特异检测引物Fn-1/Fn-2、Mn-1/Mn-2组合，建立三重PCR体系，可一次检测出瓜类黑星病菌、瓜类枯萎病菌、瓜类蔓枯病菌3种瓜类植物重要的病原菌。建立可以应用于田间瓜类黑星病菌PCR检测技术和瓜类主要病害三重PCR检测技术，对瓜类病害的诊断和防治具有重要的指导作用。

2. LAMP检测

黄瓜黑星病菌LAMP检测引物及其检测方法，专用于黄瓜黑星病菌特异检测。引物基于黄瓜黑星病菌ITS基因设计的，由F3、B3、F1c和B1c组成。检测方法为，提取待测样品DNA；以DNA为模板，采用所述的引物进行LAMP扩增；

LAMP扩增产物中加入SYBR#green#I显色剂，根据显示的颜色或沉淀对样品进行判断。LAMP引物及其检测方法可在生产实践中对黄瓜黑星病菌进行快速、灵敏、准确的检测，同时可用于田间病害的早期诊断和病菌的监测和鉴定，为黄瓜黑星病菌的防治提供可靠的技术和理论依据。

第十二节　马铃薯腐烂茎线虫

一、概述

1. 分布

马铃薯腐烂茎线虫（*Ditylenchus destructor* Thorne）引起的马铃薯茎线虫病是我国马铃薯产区的重要病害之一。到目前为止，在我国河北卢龙、昌黎、滦县、迁安、廊坊、霸州、曲阳、定州等21个县（市），北京密云、大兴、房山，河南许昌、郑州、平顶山，吉林省吉林市，辽宁，山东沂水，江苏徐州等省（市）发病普遍。一般发病田块减产20%~50%，重病田块基本上绝产无收。该线虫除了为害马铃薯，还为害甘薯、豌豆、花生等，每年带来巨大的经济损失，且为害在逐年上升，其病原马铃薯腐烂茎线虫是我国重要的植物检疫性有害生物。

2. 形态特征

马铃薯腐烂茎线虫属于垫刃目垫刃总科线虫科粒亚科茎线虫属。

雌虫：为蠕虫形，热杀死时虫体略向腹部弯曲，侧线6条，约占体宽的1/3，体表具细的环纹。头部低平，略缢缩，在扫描电镜下唇区呈6面辐射状但不很明显的6个唇片，口孔小。口针纤细，口针基部球明显，中食道球纺锤形、有瓣，食道狭部细长其上有神经环，包围处开始膨大为棒状的食道腺体，从背部覆盖肠，但覆盖程度存在差异，食道腺膨大成棒状在背部与肠重叠，食道腺与肠交汇点在1/2体宽处，其重叠程度变异很大，排泄孔在食道腺与肠重叠点前或正好在重叠点处，半月体位于排泄孔前，阴门清晰，双卵巢，前卵巢向前延伸有时可达食道区，前卵巢端卵母细胞排列成双行，而后端接近子宫处呈单行排列，后卵巢退化成一后阴子宫囊，长度一般占阴门至肛门长度的3/4。尾圆锥形，钝圆。

雄虫：体前部形态和尾形似雌虫，热杀死后虫体直或略向腹面弯曲。交合伞

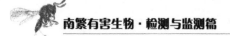

伸到尾部的50%～90%，交合刺向腹面弯曲，交合刺内有明显的两个突起。

3. 为害症状

马铃薯腐烂茎线虫主要为害寄主地下部分，很少寄生上部分。在为害马铃薯时，引起块茎矮化、加厚和分支；同时也可侵染植物的地上部分，引起马铃薯叶片的矮化、皱缩和褪色。马铃薯被腐烂茎线虫侵染后，在生长期间只侵染其块茎，地上部无特殊症状，最初的直观症状是在薯块上出现淡白色的小斑点，病斑下面的组织软化并呈颗粒状，当整个薯块全部被侵染后，块茎表皮变得像纸一样薄，并开裂、皱缩，内部组织呈干粉状，颜色变为灰色、暗褐色至黑色，重量损失80%以上。

4. 发病规律

腐烂茎线虫发育和繁殖温度为5～34℃，最适温度为20～27℃，最适pH值为6.2。在27～28℃、20～24℃、6～10℃下，完成一个世代分别需18d、20～26d、68d。当温度在15～20℃，相对湿度为80%～100%时，腐烂茎线虫对马铃薯的为害最严重。腐烂茎线虫不形成"虫绒"，不耐干燥，在相对湿度低于40%的情况下，该线虫难以生存。

马铃薯腐烂茎线虫主要随着被侵染的马铃薯块茎以及黏附在块茎上的土壤进行传播，在田间还可以通过农事操作和水流进行传播。土壤和粪肥中的病原线虫可以从苗的幼嫩根或初形成的小薯块表面通过其口针直接侵入，也可经自然孔口或伤口侵入。马铃薯腐烂线虫属于内寄生线虫，在自然条件下，在寄主体内移动、取食造成寄主组织大量的伤口，使其他病菌，如青霉、曲霉等真菌有机会侵入，造成二次侵染。病薯、病苗是进行远距离传播的主要途径。马铃薯的栽培方式对病害发生影响也很大，大田种薯直栽地发病重于移栽地、春薯地，春薯地又重于夏薯地。

二、检测方法

1. 特异性分子检测

通用引物（rDNA1/rDNA2）研究了21个国内甘薯茎线虫（*Ditylenchus destructor*）群体和1个韩国马铃薯茎线虫（*D.destructor*）群体的rDNA-ITS序列，从21个国内群体中扩增出2个大小不同的ITS片段，分别约为940bp和1 100bp；经克隆、序列测定和分析比对发现其ITS区存在特异性差异，分别命名为A型和B型，其中18个群体DdTH、DdCL、DdJN、DdMY1、DdYX1、DdZZ、DdLN、DdDX1、DdFN、DdYX2、DDSX1、DdDX2、DdXY、DdLL、

DdSX2、DdLY、DdMY2和DdPY的ITS扩增产物约为940bp，称为A型马铃薯腐烂茎线虫（940bp），3个群体DdSH，DdTS，DdYS为B型马铃薯腐烂茎线虫（1 100bp）。设计构建并筛选出A型和B型马铃薯腐烂茎线虫2对特异性引物DdS1/DdS2和DdL1/DdL2，分别扩增出A型马铃薯腐烂茎线虫，B型马铃薯腐烂茎线虫群体的特异片段252bp和485bp；引入D3A/D3B作为内标，设计出一步双重PCR检测技术；同时优化了检测体系和PCR反应程序。该技术具有较高的特异性和灵敏性，能快速、准确地检测出不同型的马铃薯腐烂茎线虫群体。

2. 快速检测

包括PCR反应体系，其特征在于PCR反应体系中有一组特异性引物，特异性引物为DdF1和DdR1，上述引物能够从A型和B型的马铃薯腐烂茎线虫中特异的扩增出长度为495bp的片段，从而实现对马铃薯腐烂茎线虫的快速分子检测。具有灵敏度高，特异性强且快速准确，在作物腐烂茎线虫病的早期诊断和田间监测预警等方面，具有很高的实际应用价值。

第十三节　马铃薯金线虫

一、概述

1. 分布

由马铃薯金线虫（*Globodera rostochiensis*）引起的马铃薯金线虫病，又称马铃薯孢囊线虫病、马铃薯根线虫病，是马铃薯毁灭性病害。马铃薯苗期受害后，一般减产25%~50%，如果不进行防治，会造成100%的损失。除为害马铃薯外，还可为害番茄、茄子等。主要分布在美、欧大部分国家和亚洲少数国家，是我国外检对象。

2. 形态特征

马铃薯金线虫属线虫门侧尾腺纲垫刃目异皮线虫科球孢囊属。

金线虫雌雄异形。雌虫球形或洋梨形，颈短小，成熟时金黄色，表面具刻点，后形成金黄色至褐色球形孢囊。雄虫线形，具交合刺1对，位于尾端部，无孢片。雄雌虫体在成虫期才有形体上明显的区别。虫体分卵、幼虫、成虫3个历期。幼虫具5个龄期。

雌虫：虫体亚球形，颈突出（包括食道和食道腺的一部分）。头小，上有1条或2条明显的环纹，与颈上深陷且不规则的环交融在一起。球形身体的大部分被角质覆盖且表面具有网状脊的纹饰，无侧线，六角放射状的头轻度骨化。口针前部约为口针长的50%，且有时轻度弯曲。在固定的标本中，口针前部常与口针后部相脱离。口针基球圆形，后部明显下斜。口道从头架的基部盘向后延伸，到口针长度的75%处形成一个管状的口针腔。食道球大，具发达的新月形的瓣门。食道腺位于一大的裂片上，常被已发育好的成对的块状卵巢覆盖。排泄孔明显，位于颈基部附近。颈区无色的体表分泌物常使内部器官看不清。阴门区和尾区不缢缩，位于阴门盆的一个近圆形的轻度凹陷的区域。阴门盆外是肛门，在阴门和肛门间的表皮形成了约20条平行的脊，这些脊略有一些交叉。在阴门—肛门区外这些脊变成网状的纹饰，这些纹饰覆盖了除颈以外体表的其他部分，在身体的大部分均可见到不规则的精细的亚表皮刻点。孢囊线虫从根部的皮层突出时呈现白色，然后由于色素积累，经过4~6周金黄色阶段后，雌虫死亡，角质随即变成深棕色，因此，此线虫俗名称作"金线虫"。

孢囊：孢囊亚球形，上有突出的颈，没有突出的阴门锥。双半膜孔。新孢囊上阴门区完整，但阴门盆的全部或部分丢失，只形成单一圆形的膜孔。无阴门桥、下桥、无泡状突；但在一些孢囊的阴门区可能存在小块不规则的黑色素沉积区及局部加厚。孢囊上的纹饰与雌虫上的相像，但比雌虫更明显，无亚晶层。

雄虫：蠕虫形，温和热杀死时虫体强烈弯曲。体后部纵向扭曲90°~180°，呈现"C"形或"S"形。尾短且末端钝圆。角质层表面有规则的环，尾末端侧区有4条侧线；环纹穿过外侧侧线，但不穿过内侧侧线。头圆，缢缩，有6~7条环纹；口盘大，有6片小唇瓣环绕，唇瓣侧面有侧器孔。头呈六角放射状，深度骨化。口针发达，口针基球向后倾斜，前部分占整个口针长度的45%。中食道球椭圆形，上有一明显的新月形瓣门。中食道球与肠中间有一宽大的神经环环绕食道，无明显的食道—肠间瓣膜。食道腺位于腹面排泄孔附近一窄的裂片上。排泄孔位于头端大约15%体长处。背腺核明显；亚腹腺核位于食道腺体后部，不明显；半月体2个体环长，位于排泄孔前；半月小体1个体环长，在排泄孔后9~12体环处。单精巢自身体中部开始，中间为具腔和腺壁的输精管，后部圆锥形。泄殖腔孔小；交合刺粗大，弓形，远末端有一尖的顶部；交合刺背面存在小的无纹饰的引带；引带约为2μm厚。

2龄幼虫：蠕虫形，尾圆锥形，逐渐变细，末端细圆。尾后部1/2~2/3处为透明区。角质环纹明显，侧区有4条侧线，从3条侧线开始，偶尔以网状结束。头部轻度缢缩，圆形，有4~6条环纹；头架深度骨化，六角放射状。口针发达，口针基球圆，略微向后倾斜。排泄孔大约在头后20%的体长处；半月体2个体环宽，位于排泄孔前1个体环处；半月小体宽度至少是1个体环，在排泄孔前5~6个体环处。在体长约60%处有4个细胞的生殖腺原基。

3. 为害症状

马铃薯金线虫主要在地下根部为害，幼苗期至成株期均可受害。马铃薯受金线虫为害后，植株生长不良，常形成嫩叶苍白色、像缺肥或缺水的衰弱状，干旱条件下会产生萎蔫。叶片上生斑点或黄化，叶丛萎蔫或死亡。严重病株会造成矮化、早衰。受害根部经常出现侧根增生，开花期症状尤其明显，根部表皮上附着很多乳白或乳黄色的、略显半透明的小球形的雌线虫死后形成的孢囊。被害根部表皮常出现龟裂，易于受到其他腐生真菌或细菌的侵染而加剧枯亡。

4. 发病规律

以孢囊在病薯块、病根及病土中越冬。翌春在寄主分泌物的刺激下，土壤中休眠孢囊里的卵孵化出1龄幼虫。1龄幼虫在卵壳内生活，至2龄期幼虫破卵而出，作为侵染期幼虫，侵入植株根部，取食发育，在根的组织里发育成3~4龄幼虫。经连续3次蜕皮发育为成虫。成虫钻出到根表面进行交配，雄虫线形，雌成虫膨大成球形，突破组织外露，仅头颈部可附于根部。雌虫受精后仍然附着在根的表面上，颜色变深，体壁变厚，并长成新的孢囊，内含卵数十至数百粒。雄虫回到土壤中。雌虫刚钻出时为白色，以后4~6周为金黄色阶段，别于其他线虫。马铃薯收获后，孢囊保留在土壤里越冬。金线虫喜于较低的土壤温度、通气良好的土质以及相对潮湿的条件。幼虫在10℃时开始活动，16℃时根部受侵染严重，26℃时线虫发展受到抑制，故冷凉地区病害严重。土质上中等黏土、排水良好和通气的沙壤土、含水50%~70%的泥炭土等适合线虫活动。该虫抗逆性强，孢囊内的卵抗干燥，在干燥条件下，卵经9~25年不死。病土、附带有孢囊的种薯、器具，均可远距离传播线虫。品种间抗性有差异。

二、检测方法

1. RAPD-PCR检测

通过利用随机引物OPK-4对马铃薯金线虫和白线虫及甜菜孢囊线虫进行RAPD-PCR，供试马铃薯金线虫5个群体能产生630bp的特异性的片段，将特异性片段进行测序后发现5个不同来源的马铃薯金线虫产生的特异性片段序列完全一致。根据测定的DNA序列设计出特异性探针，可有效地用于马铃薯金线虫的分子检测。

2. 实时荧光PCR检测技术研究

针对马铃薯金线虫ITS序列，设计了引物和TaqMan探针，使用15个马铃薯孢囊线虫群体和4个其他孢囊线虫样品进行验证，可高度灵敏地检测单个马铃薯金线虫的孢囊或幼虫，并可进行定量；最高检测灵敏度达到10fg；同时开展了混合样品和未知样品的检测，证明了引物的专化性和TaqMan探针的特异性。该检测方法可自动化检测马铃薯金线虫并进行定量，适合进行标准化的常规检测。

参考文献

陈敏，王晓鸣，赵震宇，2006. 玉米霜霉病及其检测技术研究进展[J]. 玉米科学，14（6）：141-144.

陈卫民，乾义柯，2016. 向日葵白锈病和黑茎病[M]. 北京：中国农业出版社.

董微，陈万权，刘太国，2007. 小麦矮腥黑粉菌的鉴定及检测方法[J]. 植物保护，33（6）：128-131.

范怀忠，1965. 广东省细菌性条斑病的田间防治[J]. 植物病理学报（4）：1-6.

方中达，1957. 水稻白叶枯病及条斑病和李氏禾条斑病病原细菌的比较研究[J]. 植物病理学报，3（2）：99-122.

冯家望，曾宪铭，范怀忠，等，1994. 应用免疫金探针定位和定量测定稻种中的水稻细菌性条斑病菌[J]. 植物病理学报，24（3）：233-238.

扈国臣，王友，1990. 番茄溃疡病的综合防治[J]. 现代农业（2）：15.

李明远，2004. 十字花科蔬菜黑斑病识别与防治[J]. 当代蔬菜（10）：34-36.

李英梅，张伟兵，2020. 瓜类细菌性果斑病症状识别与防控[J]. 西北园艺（2）：46.

梁宏，彭友良，陈万权，等，2006. 腥黑粉菌属3种检疫性真菌的rDNA-IGS区的扩增及其序列分析[J]. 植物病理学报，36（5）：407-412.

廖芳，2010. 重要植物疫害的检测鉴定及分子系统学研究[D]. 天津：南开大学.

廖晓兰，朱水芳，赵文军，等，2003. 水稻白叶枯病菌和水稻细菌性条斑病菌的实时荧光PCR快速检测鉴定[J]. 微生物学报，43（5）：626-634.

马国骥，陈志麟，1983. 马铃薯金线虫[J]. 植物检疫（6）：47-48.

彭焕，2009. 马铃薯腐烂茎线虫内切葡聚糖酶新基因的克隆及基于RNAi的功能初步研究[D]. 北京：中国农业科学院.

沈崇尧，苏彦纯，1991. 中国大豆疫霉病菌的发现及初步研究[J]. 植物病理学报，21

（4）：289.

司冠，赵君，包海柱，等，2017. 不同地区向日葵黑茎病菌的分离鉴定[J]. 北方农业学报，45（2）：71-76.

宋娜，陈卫民，杨家荣，等，2012. 向日葵黑茎病菌的快速分子检测[J]. 菌物学报，31（4）：630-638.

魏林，梁志怀，张屹，2016. 黄瓜黑星病的发生规律及综合防治[J]. 长江蔬菜（19）：55.

许志刚，2003. 植物检疫学[M]. 北京：中国农业出版社.

张娜，乾义柯，魏霜，等，2015. 两种向日葵检疫性真菌病害的多重DPO-PCR检测方法[J]. 植物检疫，29（6）：35-38.

朱金国，莫瑾，朱水芳，等，2010. 利用双重PCR-DHPLC技术检测水稻细菌性谷枯病菌的研究[J]. 植物病理学报，40（5）：449-455.

HUAI Y, XU L H, YU S H, et al., 2009. Real-time fluorescence PCR method for detection of *Burkholderia glumae* from rice（in Chinese）[J]. Chinese Journal of Rice Science, 23（1）：107-110.

LI S, HARTMAN G L, 2010. Molecular detection of Fusarium solani f. sp. glycines in soybean roots and soil[J]. Plant Pathology, 52：74-83.

MING DI, HUAZHIYE N W, SCHAAD D A, et al., 1991. Selective recovery of *Xanthomonas* spp. from rice seed[J]. Phytopathology, 81（11）：1358-1363.

ROUSTAEE A, COSTES S, DECHAMP-GUILLAUME G, et al., 2000. Phenotypic variability of *Leptosphaeria lindquistii*（anamorph：*Phoma macdonaldii*）a fungal pathogen of sunflower[J]. Plant Pathology, 49：227-234.

TAKEUCHI T, SAWADA H, SUZUKI F, et al., 1997. Specific detection of *Burkholderia plantarii* and *B. glumae* by PCR using primers selected from the 16S-23S rDNA spacer regions[J]. The Phytopathological Society of Japan, 63（6）：455-462.

YAO C L, MAGILL C W, FREDERIKSEN R A, et al., 1991. Detection and identification of Peronosclerospora sacchari in maize by DNA hybridization[J]. Phytopathology, 81（8）：901-905.

第十一章 南繁区重要病毒的检测技术

第一节 玉米褪绿斑驳病毒

一、概述

1. 分布

玉米褪绿斑驳病毒（Maize Chlorotic Mottle Virus，MCMV）属番茄丛矮病毒科玉米褪绿斑驳病毒属，主要寄主为玉米，此外还可以侵染小麦、大麦和高粱等。2007年我国将其列为进境检疫性有害生物之一。MCMV首次报道于秘鲁，后逐渐流行于美国、肯尼亚、刚果、埃塞俄比亚以及中国等国家。MCMV可通过种子、机械和昆虫介体进行传播。

2. 症状识别

玉米褪绿斑驳病毒单独侵染可引起玉米叶片褪绿斑驳、穗发育迟缓、节间缩短、幼叶变黄等症状，严重时可以导致玉米无种子、雄花序缩短、叶片畸形等。MCMV与小麦条纹花叶病毒（*Wheat Streak Mosaic Vinus*，WSMV）、玉米矮花叶病毒（*Maize Diwarf Mosaic Virus*，MDMV）、甘蔗花叶病毒（*Sugarcane Mosaic Virus*，SCMV）等协同侵染可引起玉米致死性坏死病，玉米致死性坏死病可引起玉米叶片黄化，刚开始从叶片边缘坏死，随后由外到内逐步坏死，直至整株玉米死亡，对玉米生产造成毁灭性的影响。

二、检测方法

1. 酶联免疫吸附法（ELISA）检测MCMV

酶联免疫吸附法（ELISA）是在免疫酶技术的基础上发展起来的一种新型

148

的免疫测定技术，目前广泛应用于病毒、细菌方面的检测。该方法早在1980年Uyemoto检测玉米褪绿斑驳病毒血清型研究时就已经使用过。Fentahun等在2016年8月在奥罗米亚和贝尼桑古尔—古穆兹地区对表现病毒现状的玉米进行取样并利用双抗体夹心法对其检测，在奥罗米亚地区采集的72份玉米样品中，MCMV呈现阳性的有42份，证实了玉米褪绿斑驳病毒对该地区的玉米进行了侵染。对该病毒建立TAS-ELISA检测方法如下。

（1）将MCMV-1毒源接种在玉米上后等待采收病叶，随后进行病毒纯化。

（2）将纯化的MCMV制剂免疫家兔，获得兔多克隆抗体。

（3）纯化的MCMV制剂免疫BALB/c小鼠，用杂交瘤细胞技术获得1株分泌玉米褪绿斑驳病毒单克隆抗体的杂交瘤细胞株并制备腹水抗体。

（4）以多克隆抗体（1μg/mL）为包被抗体，单克隆抗体（1μg/mL）为检测抗体，碱性磷酸酶标记的马抗小鼠抗体（使用浓度1∶1 000）为酶标抗体组成TAS-ELISA试剂盒。

（5）将感染MCMV-1的玉米病叶和纯化的MCMV制剂分别做一定比例稀释进行灵敏度测定。

2. 环介导等温扩增技术（RT-LAMP）检测MCMV

环介导等温扩增技术（RT-LAMP）是Notomi等于2000年建立的一种新型核酸扩增技术。该方法能够在保持PCR技术优点的基础上不需要特殊的仪器，操作较为简单，对温度没有要求，全过程60min即可完成，且通过肉眼即可观察到反应结果。目前该技术已经成功地应用于多种DNA病毒和RNA病毒的检测。有研究显示，利用RT-LAMP技术检测南方菜豆花叶病毒，比普通RT-PCR法灵敏度高10倍左右。Fukuta（2003）的研究团队利用RT-LAMPN技术成功快速检测出番茄斑萎病毒。建立RT-LAMP检测方法如下。

（1）提取了样品玉米叶片和健康玉米叶片的总RNA。用核酸蛋白分析仪测定A260和A280，计算核酸浓度和纯度。

（2）使用LAMP引物设计软件PrimerExplorV4（http://primerexplorer.jp/elamp4.0.0/index.html）设计RT-LAMPN引物。

（3）进行引物筛选，并以样品玉米叶片的总RNA为模板，健康玉米叶片总RNA为阴性对照，水为空白对照，进行RT-LAMP检测。PCR产物用1%琼脂糖凝胶电泳检测。

（4）按照"RT-LAMP引物的选择"进行RT-LAMP实时浊度检测，同时进行视觉荧光检测。

（5）用实时浊度RT-LAMP反应从玉米样品MC-Q和MC-H中检测到MCMV，

而水的浊度强度和阴性对照没有变化，阳性对照的浊度显著增加。

3. 实时荧光RT-PCR检测MCMV

在分子生物学检测技术的快速发展下，实时荧光RT-PCR以其具有的高特异性、高灵敏度以及快速等优点被应用于越来越多疫病的检测。实时荧光技术是在20世纪末由美国推出的一项新技术。它将RT-PCR和荧光技术相结合，在反应体系中加入一条TaqMan探针，通过黄光信号积累进行整个进程的实时监测，最后通过标准曲线对未知模板进行定量分析。国内外学者均有成功利用该技术检测出多种植物病毒。闻伟刚等（2011）根据玉米褪绿斑驳病毒外壳蛋白基因的保守序列，设计并得到特异性引物和TaqMan荧光探针，建立了MCMV的实时荧光RT-PCR检测方法，并对其灵敏度与特异性进行了研究。发现实时荧光技术的灵敏度比普通RT-PCR方法高出100倍左右。建立MCMV检测方法如下。

（1）提取玉米褪绿斑驳病毒阳性样品总RNA，再将提取好的RNA进行10倍系列稀释，得到$10^{-5} \sim 10^{-1}$稀释度的病毒RNA样品。

（2）根据玉米褪绿斑驳病毒外壳蛋白基因序列，在高度保守区域设计引物及荧光探针。

（3）进行实时荧光RT-PCR扩增，每个样品设一个重复，并设置阴性对照。

（4）实时荧光RT-PCR方法对稀释液的病毒RNA样品均有明显扩增，Ct值在20.80 ~ 36.82，扩增曲线典型。

第二节　马铃薯帚顶病毒

一、概述

1. 分布

马铃薯帚顶病毒（Potato Mop-top Virus，PMTV）是马铃薯上的重要病毒，马铃薯帚顶病毒作为我国的一种植物检疫病毒，可造成马铃薯26%的产量损失，严重影响到茎块的种质质量。该病毒由Calvert于1966年在爱尔兰和苏格兰首次发现，随后逐渐扩散到世界其他马铃薯产区。该病毒的传播媒介主要是茎块和粉痂菌，粉痂菌属于真菌介体，适宜在阴凉和沙质的土壤中生长，湿度对其影响不大，这是冷凉的地区PMTV发生较为频繁的主要原因。粉痂菌在没有寄主的情况下依然能存在相当长的时间，虽然受侵染的马铃薯可以销毁，但受侵染的田块在10年内甚至更长时间内都无法种植马铃薯。因此，有必要建立有效的检测方法以便PMTV的防控。

2. 症状识别

马铃薯感染该病毒后，帚顶症状主要表现为节间缩短，叶片簇生，上部叶片出现灰白色"V"形环纹或坏死斑，部分小叶片上具波状边缘，最后导致植株矮化、束生。块茎通常表现为表皮轻微隆起，内部切开呈坏死弧纹或条纹。不同马铃薯品种感染PMTV后症状表现相差较大，且容易受到温度等环境因素的影响。

二、检测方法

1. 马铃薯帚顶病毒RT-LAMP检测方法的建立

（1）根据GenBank数据库中PMTV的高度保守序列TGB，进行序列比对后，使用在线软件进行引物设计，设置阳性对照和阴性对照，初步筛选出最适引物组并设计环引物。

（2）以PVY、PVV、PVX、PVA、阴性对照的核酸模板及同属的BSBV cDNA质粒进行RT-LAMP反应，验证该方法的特异性。

（3）用one-drop紫外分光光度计测定重组质粒pMD18-T-PMTV浓度，浓度调节到10ng/μL，依次进行10倍浓度梯度稀释，用建立的LAMP方法和PCR方法进行灵敏度比较试验。

（4）用优化的RT-LAMP方法检测感染病毒的叶片，通过实时浊度仪观察浊度扩增曲线、目视焦磷酸镁沉淀、在RT-LAMP反应体系中加入1.0μL钙黄绿素荧光染料（Loopamp F D荧光检测试剂），观察反应前后颜色变化，进行琼脂糖凝胶检测。

2. 利用RT-PCR检测PMTV

（1）按照RNAprep Pure多糖多酚总RNA提取试剂盒操作说明提取马铃薯叶片和块茎样品总RNA，产物用于PCR反应。

（2）利用RT-PCR技术检测供试马铃薯样品是否含PMTV，以含PMTV的cDNA作为阳性对照，以ddH₂O作为阴性对照。PCR产物经1.5%琼脂糖凝胶电泳检测。

（3）将电泳条带呈阳性的样品进行切胶、纯化和回收目的片段后对回收产物进行测序。

（4）测序结果与GenBank中已登录的PMTV核苷酸序列及氨基酸序列进行比对分析。

第三节　棉花曲叶病毒

一、概述

1. 分布

棉花曲叶病毒（Cotton Leaf Curl Virus，CLCuV），属双生病毒科菜豆金色花叶病毒属。CLCuV是一种单链环状DNA病毒，寄主范围广泛，棉花、咖啡、黄秋葵、黄麻、烟草等都是其侵染对象。CLCuV最早出现在尼日利亚，后逐渐在埃及、南非、巴基斯坦以及印度等国家流行，其中以巴基斯坦和印度棉花产区受害最为严重。2006我国首次在广东省发现CLCuV侵染引起的朱槿曲叶病。随后相继在广西、广东、海南等地也发现CLCuV侵染棉花、黄秋葵、悬铃花等作物。2012年，汤亚飞等在海南发现木尔坦棉花曲叶病毒（CLCuMuV）及其伴随的β卫星分子（CLCuMuB）共同侵染锦葵科纤维植物红麻（*Hibiscus cannabinus*）。棉花是我国的主要经济作物之一，该病毒一旦扩散到长江流域、黄河流域以及西北内陆等棉花主产区，将会给我国的棉花产业带来巨大经济损失。因此，为保障我国棉花等重要经济作物的安全与生产，有必要发展快速、方便、准确的CLCuV检测技术。

2. 症状识别

CLCuV寄主广泛，包括秋葵、烟草、番茄等，主要导致叶脉增厚和叶片变黄等症状。棉花被侵染后，初期植株表现出新叶卷曲、叶片肿胀；后期叶背主脉上出现类似叶片的耳突，伴随植株矮化，结实率降低。

二、检测方法

1. 纳米磁珠荧光PCR检测CLCuV

张永江等（2013）首次根据CLCuV外壳蛋白基因（Coat Protein，CP）的保守序列设计了引物和TaqMan探针，并结合纳米磁珠（Magnetic Nanoparticles，MNPs）设计并建立一套CLCuV的MNP实时荧光PCR（Real-time PCR）检测方法。纳米磁珠实时荧光PCR技术是通过纳米磁珠快速有效地将核酸从富含多糖多酚的复杂样品中提取出来，并结合荧光PCR快速检测植物病毒的一项技术。该方法检测时间短、灵敏且无污染，对CLCuV的检测有良好的效果。

（1）称取CLCuV、ACMV、TSV、CMV及TSWV阳性材料各0.1g，使用纳米磁珠核酸试剂盒提取样品总RNA及DNA。

（2）取CLCuV、ACMV的DNA与TSV、CMV及TSW的cDNA用作模板建立荧光PCR体系，进行实时荧光PCR特异性试验。反应结束后进行结果分析，根据空白对照结果设定阈值，扩增曲线及样品Ct值由软件自动生成。

（3）根据5种病毒阳性材料扩增曲线是否生成判断该方法的特异性。根据不同浓度稀释样品检测的Ct值判断该方法检测的灵敏度。

2. 实时荧光PCR检测CLCuV

（1）根据GenBank中登录的CLCuV基因序列（AY765253）设计合成通用引物，扩增CLCuV完整的运动蛋白（Movement Protein，MP）和外壳蛋白（Coat Protein，CP）基因。

（2）设计合成特异性引物和探针，特异性引物针对CLCuV病毒基因组的MP基因设计。

（3）取冷冻CLCuV、SqLCV、TMV、CGMMV等样品各0.1g，待研钵中加入液氮预冷后，迅速研磨至粉末状，边加液氮边研磨，利用RNA提取试剂盒或DNA试剂盒从样品中提取核酸。

（4）合成反转录cDNA后进行PCR扩增，切胶回收并纯化，连接克隆载体，转化E.coli JM109感受态细胞，经蓝白斑筛选和PCR鉴定筛选阳性克隆，进行测序。

（5）引物浓度设置范围为0.25～1.5μL（10μmol/L），以0.25μL设置梯度；探针浓度分布设置为0.5μL和1.0μL。对引物和探针浓度进行不同的配比试验，根据Ct值和曲线形态，确定最佳浓度以及配比。将CLCuV阳性样品DNA，分别稀释为10^{-1}、10^{-2}、10^{-3}、10^{-4}和10^{-5} 5个浓度梯度，加入到荧光PCR反应体系中，进行灵敏度检测。

第四节　黄瓜绿斑驳花叶病毒

一、概述

1. 分布

黄瓜绿斑驳花叶病毒（Cucumber Green Mottle Mosaic Virus，CGMMV）

属于帚状病毒科烟草花叶病毒属。CGMMV的自然寄主主要有黄瓜、葫芦、西瓜、南瓜、甜瓜等葫芦科作物。人工接种条件下，也可侵染苋色藜、马齿苋、曼陀罗、本生烟和矮牵牛等植物。1935年，Ainsworth首次报道了黄瓜绿斑驳花叶病，随后在全世界范围内陆续被报道。2006年12月我国将其列为植物检疫性有害生物（中华人民共和国农业部第788号公告）。CGMMV可通过带毒种子传播，也可通过农事操作，如灌溉、嫁接、人工授粉等进行传播。2005年，我国辽宁省暴发黄瓜绿斑驳病，该病目前普遍发生在全国黄瓜种植地区，对我国黄瓜产业造成了极大的影响。近年来，随着进口种子贸易迅速发展，我国相继报道在部分地区常有截获进口源性的CGMMV。针对CGMMV的检疫建立快速、准确的检测方法至关重要。

2. 识别症状

CGMMV侵染后的症状受寄主和环境条件的影响，黄瓜受侵染后表现为叶片斑驳畸形，植株出现矮化，果实上出现黄色或银色条斑，果实严重受损。在西瓜上的表现症状一般表现为叶片出现轻型叶斑驳，植株矮化，果实成熟期症状严重，果实出现浓绿圆斑，内部果肉变色腐烂。甜瓜受侵染后，茎端新叶表现出黄斑，随叶片老化症状减轻，生长后期顶部叶片偶尔出现黄色轮纹斑。南瓜感病后植株表现脉绿、花叶，同时寄主受CGMMV侵染后，组织内的酚类物质、碳水化合物浓度、叶绿体数量及叶绿素含量会减少。

二、检测方法

1. 免疫捕获RT-PCR检测CGMMV

（1）对感染CGMMV的葫芦叶片样品进行提纯后，紫外分光光度法测定其含量。将400μg CGMMV的提纯病毒与弗氏完全佐剂等体积乳化后，从背部脊柱两侧多点皮下注射免疫新西兰白兔，3周后将300μg提纯病毒与弗氏不完全佐剂等体积乳化后从背部脊柱两侧皮下多点免疫注射，之后每隔2周大腿肌注加强免疫1次，剂量与第2次免疫一样，每次免疫7d后取少量血清用间接ELISA检测抗体效价，当效价达到1∶100 000以上时采血并分离血清。

（2）CGMMV提纯病毒（1μg/mL）包被ELISA板，2 000倍开始倍比稀释的多抗作为一抗，碱性磷酸酶标记的羊抗兔IgG为二抗，采用间接ELISA方法测定抗血清效价。用ACP-ELISA方法分析多抗的检测灵敏度，并用Western blot分析多抗的特异性。

（3）用方阵试验确定多抗和酶标二抗的最适工作浓度，根据抗体的最适工作浓度建立dot-ELISA检测。取3~10μL用磷酸缓冲液（PBST）倍比稀释的病叶样品研磨液（1∶20，g/mL）点到硝酸纤维素膜上，以提纯的CGMMV为阳性对照，健康汁液为阴性对照，室温自然晾干。用含5%脱脂奶粉的PBST缓冲液37℃封闭1h后，加入适当稀释的抗血清作为一抗，37℃孵育1h。PBST缓冲液洗涤3~4次后将膜移入适当稀释的碱性磷酸酶标记的羊抗兔IgG二抗中。37℃反应1h后洗涤4~5次，用NBT/BCIP显色底物充分显色，用双蒸水终止反应后观察记录结果。

（4）根据GenBank中CGMMV5个分离物CP基因保守序列设计引物，参考Wu（2013）等建立检测CGMMV的IC-RT-PCR方法。

2. 核酸试纸条检测CGMMV

（1）使用试剂盒提取病毒材料总RNA，利用RT-PCR和凝胶电泳验证所用病毒是否正确。

（2）20μL的反应体系中包含1.5μL交叉引物PSPL-CPR（20μmol/L）、0.9μL正向检测探针CGMMV-MBF（5′端生物素标记，20μmol/L）、0.9μL正向检测探针PSPL-DF（5′端FAM标记20μmol/L）、各0.3μL的2条置换引物CGMMV-BF（20μmol/L）和CGMMV-BR（20μmol/L）、0.8μL dNTP（10mmol/L）、0.4μL MgSO$_4$（100mmol/L）、1μL Bst DNA聚合酶（8U/μL）、1μLAMV反转录酶（10U/μL）以及1μL的RNA，余量为无菌水。恒温扩增程序：59℃，恒温扩增90min。

（3）恒温扩增产物在未打开PCR管情况下放入一次性核酸检测装置，静置3~5min观察检测结果。试纸条有2条线则说明检测结果为阳性，试纸条上只有质控线（C）而无检测线（T），则说明检测结果为阴性。

参考文献

陈京，李明福，2007. 新入侵的有害生物——黄瓜绿斑驳花叶病毒[J]. 植物检疫（2）：94-96.

郭立新，等，2014. 逆转录环介导等温扩增技术检测南方菜豆花叶病毒[J]. 植物病理学报，44（4）：349-356.

青玲，周雪平，2005. 棉花曲叶病研究进展[J]. 植物病理学报（3）：193-200.

尚海丽，周雪平，吴建祥，2010. 免疫斑点法和免疫捕获RT-PCR检测黄瓜绿斑驳花叶病毒[J]. 浙江大学学报（农业与生命科学版），36（5）：485-490.

战斌慧，2016. 玉米褪绿斑驳病毒外壳蛋白的细胞核定位及功能研究[D]. 北京：中国农业大学.

张露茜，等，2016，玉米褪绿斑驳病毒3种PCR检测方法的建立与比较[J]. 植物病理学报，46（4）：507-513.

ISABIRYE B E，RWOMUSHANA I，2016. Current and future potential distribution of maize chlorotic mottle virus and risk of maize lethal necrosis disease in Africa[J]. Journal of Crop Protection，5（2）：215-228.

XU Y，XU YF，LIU YF，et al.，2017.Reverse transcription-loop-mediated isothermal amplification for Detection of maize chlorotic mottle virus[J]. Agricultural Science & Technology，18（1）：123-126.

附 录 稻瘟病病情和抗性分级指标

C.1 苗期叶瘟病情分级指标（以株为单位）

0级，无病斑；

1级，病斑5个以下；

2级，病斑5~10个；

3级，全株发病或部分叶片枯死。

C.2 大田叶瘟病情分级指标（以叶片为单位）

0级，无病；

1级，病斑少而小，病斑面积占叶面积1%以下；

2级，病斑小而多，或大而少，病斑面积占叶片面积1%~5%；

3级，病斑大而较多，病斑面积占叶片面积5%~10%；

4级，病斑大而多，病斑面积占叶片面积10%~50%；

5级，病斑面积占叶片面积50%以上，全叶将枯死。

C.3 穗瘟病情分级指标（以穗为单位）

0级，无病；

1级，每穗损失5%以下，或个别枝梗发病；

2级，每穗损失5.1%~20%，或1/3左右枝梗发病；

3级，每穗损失20.1%~50%，或穗颈或主轴发病；

4级，每穗损失50.1%~70%，或穗颈发病，大部分秕谷；

5级，每穗损失70%以上，或穗颈发病造成白穗。

C.4　品种抗性划分标准

C.4.1　叶瘟抗性分级指标

高抗（HR），无病；

抗（R），只有针尖大小的褐点或稍大褐点；

中抗（MR），圆形稍长的灰色小病斑，边缘褐色，直径1～2mm；

中感1（MS1），典型纺锤形病斑，长1～2cm，通常局限于两条主脉间，病斑面积2%以下；

中感2（MS2），典型病斑，病斑面积2.1%～10%；

感（S1），典型病斑，病斑面积10.1%～25%；

感（S2），典型病斑，病斑面积25.1%～50%；

高感1（HS1），典型病斑，病斑面积50.1%～75%；

高感2（HS2），叶片全部枯死。

C.4.2　穗颈瘟抗性分级指标

高抗（HR），无病；

抗（R），发病率低于1.0%；

中抗（MR），发病率1.0%～5.0%；

中感（MS），发病率5.1%～25.0%；

感（S），发病率25.1%～50.0%；

高感（HS），发病率50.1%～100%。

检疫性有害生物采样

草地贪夜蛾监测设备

草地贪夜蛾诱捕器

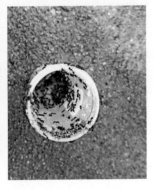

红火蚁田间监测

联合检疫

田间采样　　　　　　　　田间调查　　　　　　　　疑似检疫对象

高空测报灯

垂直昆虫雷达

移动式昆虫雷达

气象数据收集系统